ダムとの闘い

思川開発事業反対運動の記録

藤原信 編著

緑風出版

はじめに

　筆者が、「ダムとの闘い」を始めたきっかけは、今から四十数年前、宇都宮大学に赴任して早々のことだった。那須の奥地国有林が、ダム建設のために乱伐されているということで、宇都宮大学農学部林学科の薄井宏教授と現地調査に訪れた時である。

　山の上の奥地天然林を伐採し、その跡地に大きな穴を掘ってダムを造るというもので、このダムを上池とし、下池から水を汲み上げ、落差を利用して発電するという揚水発電ダム計画である。原子力発電は二十四時間、運転を停めることができないので、福島の原発で発電した夜間の余剰電力を使って、下池の深山《みやま》ダムから上池の沼原《ぬまっぱら》ダムに水を汲み上げる。昼間に、沼原ダムから深山ダムに水を落として発電するというのである。福島から東京へ送られる電気が、途中、栃木県に寄り道をする格好である。ダム本体の何倍もの面積の天然林が伐採され、近くに設けられた原石山は丸裸にされていた。

　筆者は、この森林破壊の実態を、日本林学会関東支部大会で研究発表をして問題提起をするとともに、東京の「電源開発」の本社にも抗議に出向いたが、孤軍奮闘では力になりえず、結局は押し切られてしまった。

次に起こったのが、渡良瀬遊水池第二貯水池の問題である。

一九八七年に制定されたリゾート法により、全国各地でリゾート乱開発が始まったが、栃木県でも、渡良瀬遊水池を大型レジャーランド化するという構想の概要が発表された。これに対して、「渡良瀬川研究会」「旧谷中村遺跡を守る会」「水土と緑を考える会」「東京の水を考える会」などが反対運動を起こしていた。

一九九〇年八月に、栃木県小山市で開催された第六回「水郷水都全国会議」の分科会で、日本野鳥の会栃木県支部の高松健比古支部長が問題提起をし、満場一致の賛同を得て、渡良瀬遊水池を守る運動を進めることになった。

そして、九月二十四日に、筆者の呼びかけにより、一都五県から一六団体の有志が栃木市に集まり、「渡良瀬遊水池を守る利根川流域住民協議会」（高松健比古代表世話人）を結成した。十一月四日には、「渡良瀬遊水池の開発に反対する利根川流域住民集会」を開催し、現地見学とむしろ旗を押し立ててのデモ行進を行なった。「住民協議会」が発足時に掲げた五つの目標のうち最後に残ったのが、「渡良瀬遊水池のラムサール条約の登録」であった。これも高松代表世話人、猿山弘子世話人らの尽力により、今年（二〇一二年）の夏のルーマニアでの締約国会議で、正式に登録地となることが内定した。各位の努力に敬意を表する。

栃木県のダム事業としては、渡良瀬遊水池の第二ダムのほか、栗山村の湯西川ダムと、鹿沼市の南摩川に建設が予定されている思川《おもいがわ》開発事業（南摩《なんま》ダムと行川《なめかわ》ダム）と思川開発事業を補完する東大芦川《ひがしおおあしがわ》ダムがあった。

一九九五（平成七）年十月、筆者が代表をしていた栃木県自然保護団体連絡協議会にダム問題シンポジウム準備会を設置し、栃木県内のダム問題に取り組むことになった。

一九九七（平成九）年十月十一日に結成された「思川開発事業を考える流域の会」（以下「流域の会」という）は、以後、栃木県内のダム事業のみならず、全国のダム反対運動にも参加し、田中正造の「真の文明ハ山を荒らさず、川を荒らさず、村を破らず、人を殺さざるべし」という言葉をモットーに運動を進めている。

「思川開発事業を考える流域の会」代表の筆者を支えてくれた福田健彦、猪瀬建造の二人の副代表が亡くなられた。

福田健彦氏は、二〇〇九（平成二十一）年二月十二日に逝去された。氏は、昭和二十四年の今市地震に遭遇された経験から大谷川《だいやがわ》扇状地の地質に関心を持ち、大谷川取水に反対する住民運動「今市の水を守る会」を立ち上げた。大谷川取水の中止は、福田健彦氏の力に負うところ大である。福田代表の最終目的は、「南摩ダム（思川開発事業）の建設中止」だったと聞いている。

猪瀬建造氏は、二〇一一年八月十三日に逝去された。氏は「日光の自然を守る会」代表として、栃木県の自然保護運動に活躍されたが、若き日の中国での体験から、日中友好運動にも積極的に活動した。氏が演説での自己紹介の冒頭、「地質調査士・一一三二号の猪瀬建造です」という言葉には迫力があった。今市地震の震源地に建設が予定されていた「行川ダム」の中止は、氏の専門的な知識と指導によるところが大である。

多くの人たちが「ダムとのたたかい」の戦列に参戦し、その力の結集により、大谷川取水の中止、行川ダム、東大芦川ダムの中止を勝ち取り、規模を縮小した思川開発事業の中止も目前になった。

いま、「ダムとのたたかい」に参戦した多くの人々を思い起こしながら、運動の経緯についてとりまとめることにした。残された我々は、その意志を継ぎ、思川開発事業（南摩ダム）の中止まで、いっそう、運動を強化していかなくてはならない。

本書の執筆中の二〇一一年十一月七日に、石原政男前西大芦漁業協同組合組合長の訃報に接した。石原前組合長は、思川開発事業を補完する東大芦川ダム計画に、漁協や地域の住民をまとめて反対運動に立ち上がり、東大芦川ダムの中止を勝ち取った功労者である。

謹んで、本書を、故石原政男氏の霊に捧げる。

傘寿を超えて

（本書では本文中の敬称は省略させていただく。肩書きは当時）

目次

ダムとの闘い
——思川開発事業反対運動の記録——

第1章

南摩ダム

―思川開発事業という名のムダなダム―

第一節　思川開発計画（南摩ダム）の経緯

思川開発事業の構想が表面化した

思川《おもいがわ》開発事業（南摩ダム）の構想が表面化したのは一九六四（昭和三十九）年九月のことである。

翌一九六五（昭和四十）年になり、事業主体である水資源開発公団（以下「公団」という）は栃木県知事および関係市町村（鹿沼市、今市市）へ計画を説明し協力を要請した。下野新聞によれば、「栃木県の地域開発と合わせて、東京都の生活用水確保を狙いとした思川総合開発計画の構想を示し、県側に協力を申し入れた」という。このことを見ても分かるように、思川開発事業は、東京の水不足を解消するために計画されたものである。

思川開発事業というのは、当初は、栃木県鹿沼市を流れる思川の支川である南摩川に「南摩ダム」を建設し、隣接する今市市の大谷川と導水管で結び、大谷川から約一億トンの水を取水するとともに、途中横切る黒川（鹿沼市）と大芦川（鹿沼市）からも取水し、「南摩ダム」に貯水するというものであった（今市市は市町村合併により現在は日光市となっているが、本稿では今市市として記述する）。

下野新聞（五月二十一日付）には、「南摩ダム建設に反対、地元八十五戸の意見一致」「集落が湖底に沈むのは忍びないという意見がまとまり、建設反対を決定」という記事が出ている。これが水没する南摩に住む住民の本音だった。

計画が明らかになった段階で、大量の水を取水される今市市では、八月四日に、「思川開発大谷川取水反対期成同盟」が結成され、猪瀬征次郎市長が会長に就任し、絶対反対を決議した。これまた、水を取られる今市市の住民の本音である。

水没予定地とされた鹿沼市上南摩地区の住民は、「南摩ダム建設反対期成同盟会」を結成し、南摩ダム建設に反対の意思表示をした。

一九六六（昭和四十一）年には、鹿沼市長は栃木県知事・水資源開発公団総裁との間で「地元の納得を得ない限り着工しない」という「覚書」を取り交わした。この「覚書」は、その後、反古にされた。

一九六九（昭和四十四）年には、今市市臨時市議会において「思川開発事業計画反対」を決議し、栃木県知事へ反対の陳情を行なった。五月二十二日には、「思川開発大谷川取水反対期成同盟」も、「思川開発計画による大谷川取水については、今市市の産業発展の阻害と市民生活に及ぼす影響が極めて大きいので、全市をあげて反対する」という決議をしている。

一方、上南摩の水没地区では、「南摩ダム建設反対期成同盟会」が「中村地区南摩ダム対策協議会」（一二二戸）と「南摩ダム建設絶対反対同盟会」（五〇戸）に分裂した。

一九六九年十二月二十六日早朝、今市地震が発生し、今市市を中心に甚大な被害が発生し、死者は一〇名に達した。

一九七〇（昭和四十五）年六月八日に、横川信夫栃木県知事は、経済企画庁総合開発局長に対して、「現時点では必要な基礎調査が終了していない。地域住民に及ぼす影響も明らかではない。計画決定は時期尚早と思われるので延期されたい」との意見書を提出した。

経済企画庁は、「思川開発事業については、（中略）県並びに地元関係者の納得を得なければ、工事に着手しないものとする」と回答した。

経済企画庁はその頃、今市地震の震源地である行川流域について、「行川ダム計画調査」として「地表地質調査」を行なっているが、その調査報告には、基盤の脆弱さや漏水などの危険性が指摘されている。さらに一九七二（昭和四十七）年三月頃から三年をかけて、導水管が横切る行川に「行川ダム」の建設を検討し、その調査を行なっているが、当初計画には「行川ダム」は入っていなかった。

一九七三（昭和四十八）年になると、地下水汲み上げによる地盤沈下を問題として、栃木県南部の一市三町が、思川開発事業の促進を知事に陳情した。一方、「南摩ダム建設絶対反対同盟会」は、鹿沼市の仲立ちで、水資源開発公団と話し合いを行なった。

その頃、栃木県は、南摩ダムの補完ダムとしての東大芦川ダム（県営ダム）の予備調査を開始した。

一九七五（昭和五十）年に、「南摩ダム建設絶対反対同盟会」と水資源開発公団の間で補償調査についての基本合意ができた。

一九七七（昭和五十二）年に、建設省（現国土交通省）は思川開発事業の環境影響調査を開始した。一九八一（昭和五十六）年には、水資源開発公団は、今市市と鹿沼市に計画の変更について説明し、行川に「行川ダム」を建設するという「構想」を示して協力を要請した。

一九八三（昭和五十八）年に、栃木県は、東大芦川ダムの実施計画の調査を開始した。

一九八四（昭和五十九）年には、思川開発事業の新年度予算として四・五億円が予算化され、呼称も予備調査費から建設事業費に変更になった。この間の予備調査費は合計四二億円である。

流域住民による反対運動が始まる

一九九〇（平成二）年に栃木県小山市で開催された「第六回水郷水都全国会議——水と森林」において、「日光の自然を守る会」代表の猪瀬建造が、「思川開発事業」（南摩ダム）についての問題提起を行ない、思川開発事業への反対を訴えた。

一九九三（平成五）年三月に、建設省は、思川開発事業の「環境影響調査準備書」を作成し、日光、今市、鹿沼の三会場で公告縦覧をしたが、ここには「行川ダム」と地震との関係の記述はなかった。

一九九四（平成六）年一月には、思川開発事業の「環境影響調査評価書」の縦覧が行なわれた。四月には、東大芦川ダムの補助事業も決定した。

「行川ダム」が盛り込まれた「思川開発に関する事業実施方針」が、建設省から水資源開発公団に指示されたのは五月である。「実施方針」によると、南摩川に南摩ダム、行川に行川ダムを建設して、大谷川から一億トンの水を取水し、二〇キロの導水管を施設して南摩ダムまで送水する。東大芦川ダムからも必要な水を補給するというもので、工期は二〇〇八（平成二十）年度の予定で、総事業費は約二五二〇億円（平成四年度単価）である。八ッ場ダムの総事業費は二一一〇億円だから、八ッ場ダムの一・二倍の規模である。

このような動きに対して、六月には、大谷川取水に反対する今市市役所OBを中心とする市民団体、「今市の水を考える会」（代表・福田健彦）が発足した。

七月には水没予定地区の「南摩ダム建設絶対反対同盟会」が、「南摩ダム梶又地区対策協議会」（二六戸）、「南摩ダム対策協議会」（西之入地区）（一一戸）、「笹之越路ダム対策協議会」（一三戸）に分裂した。このほか、これらの組織に入らない四戸がある。水没予定地区の反対運動は公団側の切り崩しに合い、「絶対反対」から「容認」に変わっていく。

一九九五（平成七）年三月に、会計検査院が思川開発事業の遅れを指摘した。このことが思川開発事業を加速させることになった。

七月になると、鹿沼市では、これまで移転対象となっていなかった室瀬地区で、水没予定地外の三戸が新たに移転する必要になることが判明した。

十一月になって、今市市に、「思川開発事業大谷川取水対策委員会」が設立された。思川開発

図1-2-1　思川開発事業の施設計画の概要（当初計画）

水資源開発公団思川開発建設所資料を基に作成

大谷川取水反対期成同盟・市議会議員・市執行部等から委嘱された二五名で構成する「思川開発事業大谷川取水対策委員会」の目的は、「思川開発事業が地域に与える影響の、客観的な、科学的な、実証的な、できるだけ多くの、できるだけ公正な調査と研究に努めること」である。

十二月に入って、「南摩ダム対策協議会」（西之入地区）が技術調査の立ち入りに同意するなど、軟化の兆しを見せ始めてきた。

一九九六（平成八）年になると、一月に、「中村地区南摩ダム対策協議会」が、公団と用地補償調査立ち入り協定を締結した。三月に、栃木県議会の「思川特別委員会」が、県議会議長と県知事に、県南の地盤沈下の防止を理由に、思川開発事業の促進を求める要望書を提出した。九月には、「南摩ダム対策協議会」（西之入地区）が、公団と用地補償調査立ち入り協定を締結した。十一月には、鹿沼市と鹿沼市議会が、「東大芦川ダム」促進の陳情を県議会に提出した。

一九九七（平成九）年七月には、公団は、「南摩ダム梶又地区対策協議会」と用地補償調査協定を締結した。十月には「笹之越路ダム対策協議会」も公団と、用地補償調査協定に合意した。

これらのダム促進の動きに対して、ダム反対の市民運動も活発になった。九月には、シンポジウム「南摩ダムを考える」が「栃木の水を守る連絡協議会」（以下「栃木の水」という）主催で開催され、十月には、「栃木県のダム問題」という講演会が、「栃木県自然保護団体連絡協議会」（以下「栃自協」という）主催で開催された。

一九九七（平成九）年、公団は、南摩ダムの洪水吐きを左岸から右岸へ設計変更を行なった。

この結果、ダムサイト直下の室瀬地区の移転戸数が、三戸から一一戸に増えた。これに反対して、五月に、「南摩ダム建設絶対反対室瀬協議会」（以下「室瀬協議会」という）が結成された。

思川開発事業を考える流域の会の結成

一九九七（平成九）年十月に、「思川開発事業を考える流域の会」（以下「流域の会」という）が発足し、筆者が代表に選任された。

十一月に、日弁連が南摩ダムの現地調査を行ない、「室瀬協議会」と面談した。「流域の会」もこの現地調査に参加し、以後、「室瀬協議会」の運動を支援することになった。

一九九八（平成十）年三月には、水没地区の南摩ダム関係四団体が補償交渉委員会を設立し、公団と、補償交渉を本格的に進めることになり、水没地区の住民は順次、移転をしていった。

三月九日に、社会民主党「思川開発調査団」（第一次）が、「流域の会」の案内で現地調査を行なった。

三月十二日の衆議院環境委員会と、三月十九日の衆議院予算委員会で、調査団長の保坂展人衆議院議員（現・世田谷区長）が、思川開発事業に関する質問をした。社民党は、五月五日にも、第二次調査団が現地入りをして、「室瀬協議会」と意見交換をした。

以後、思川開発事業反対の運動は、「思川開発事業を考える流域の会」が中心となってたたかうことになる。

第二節　工事計画とその後の変更

計画の変遷

思川開発事業というのは、鹿沼市の南摩川に建設が予定されているダム事業である。構想が発表されたのは一九六四年で、南摩川に南摩ダムを建設し、隣接する今市市の大谷川から一億二〇〇〇万トンを取水し、直径三メートルの導水管により、二〇キロ離れた南摩ダムまで送水するという計画で、総事業費は二〇九億円だった。

一九九四年に計画が見直され、南摩ダムの総貯水量は一億トンに変更となり、中継点に「行川ダム」を建設し、補完ダムとして「東大芦川ダム」が建設されることになった。大谷川からの取水は、一億二〇〇〇万トンから六〇〇〇万トンに半減され、途中の黒川から一〇〇〇万トン、大芦川から二〇〇〇万トン、南摩川から一〇〇〇万トンを取水することになった。一方、総事業費は二五二〇億円と十倍増となり、「小さく産んで大きく育てる」ことになった。

二〇〇〇年十一月になって、地元（今市市）での調整が難航しているとの理由により、大谷川からの取水が中止され、行川ダムの建設も取り止めになった。今市市民の反対運動の勝利である。

二〇〇三年三月には、思川開発事業（南摩ダム）の補完ダムの東大芦川ダムも、地元自治会と漁協の反対運動により中止になり、思川開発事業は規模を大幅に縮小することになった。

写真 1-2-1　ダムサイト予定地。2004 年 7 月 6 日廣田義一写す。

写真 1-2-2　ダム予定地の 500m 上流。2004 年 12 月 4 日著者写す。

現計画では、南摩ダムの総貯水量は五〇〇〇万トンに半減され、鹿沼市を流れる黒川に取水・放流口が、大芦川に取水口が設置され、両河川より導水管により、南摩ダムまで導水することになった。導水管は当初二〇キロのところ、九キロに短縮された。

南摩川のダム予定地は、川幅は五〇センチくらいから、最も広いところでも二メートルあるかないかの小川である。水深も一五センチから二〇センチ程度で、流量も少ない川である。もっとも、台風が来た時には、時に水深が一五〇センチくらいになったこともある。たまたま両側に山が迫っていて、奥に集落があり、畑や山林が広がっていて、懐が深い地形が、ダム建設に向いていると思われたのだろう（写真1―2―1、写真1―2―2）。

当初計画（一九九四年の事業実施方針による）（図1―2―1）（図1―2―2）。

(1)（事業の概要）

思川開発事業は多目的ダムである。事業の目的として、「流水の正常な機能の維持」を謳っている。

(2)（施設計画の概要）

①南摩ダム

流域は一二・四平方キロのロックフィルダムで、堤高は一〇五メートルである。総貯水容量は一億一〇〇万トンで、有効貯水容量は一億トンである。湛水面積は三・三平方

図1-2-2　導水と補給のしくみの概要

黒川からの取水	
期　間	取水制限流量
4月1日～9月30日	6.0 ㎥ / 秒
10月1日～3月31日	2.5 ㎥ / 秒

大芦川からの取水	
期　間	取水制限流量
4月1日～9月30日	6.0 ㎥ / 秒
10月1日～3月31日	2.5 ㎥ / 秒

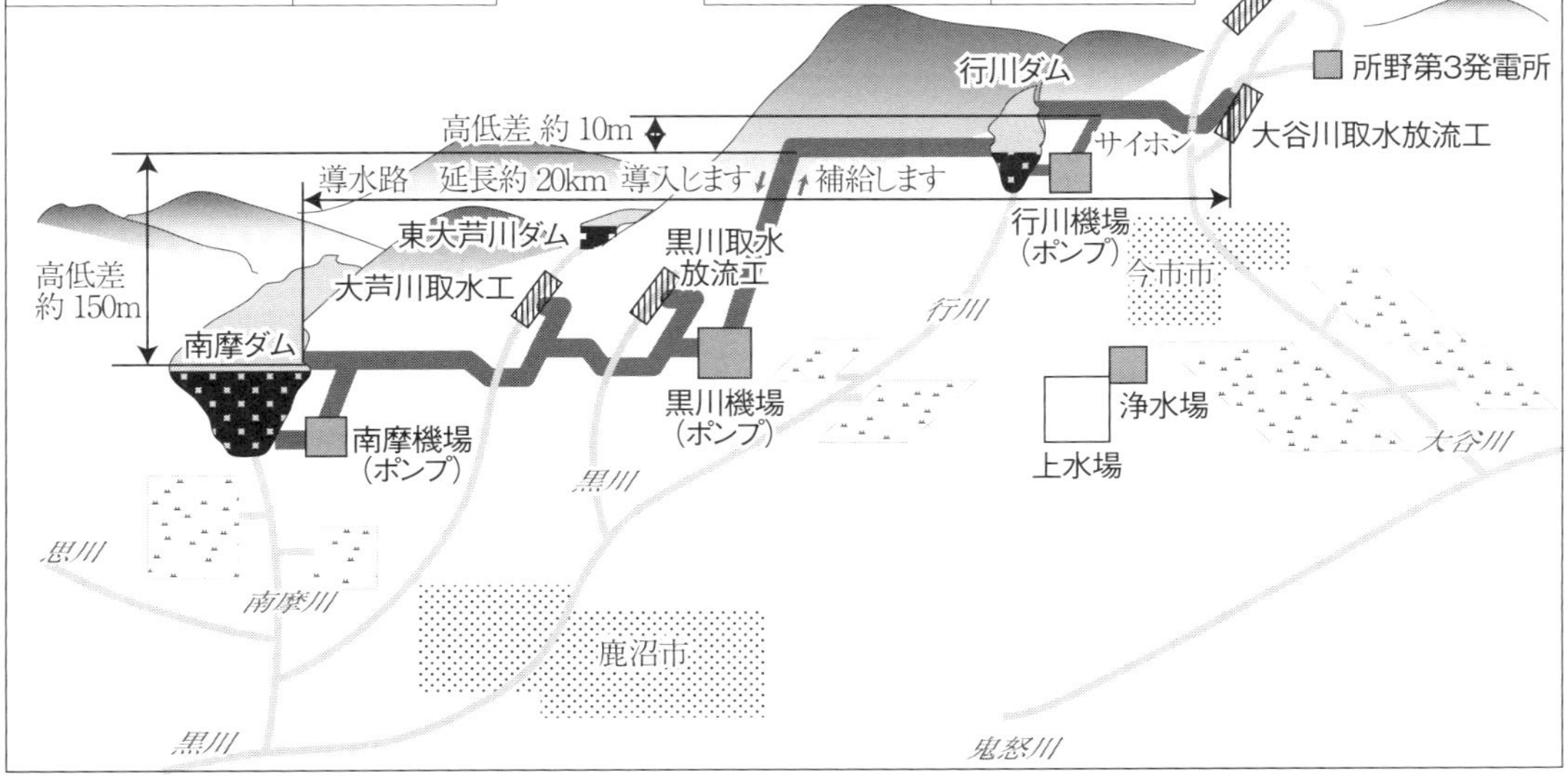

水資源開発公団思川開発建設所資料を基に作成

キロである。

②行川ダム

流域は一八・一平方キロのロックフィルダムで、堤高は五二・五メートルである。総貯水容量は五三〇万トンで、有効貯水容量は四五〇万トンである。

③導水路、取水・放流施設

(a)導水路施設（二〇キロ）

第一導水路　約三キロ　内径三～四m（大谷川～行川）

第二導水路　約七キロ　内径三～四m（行川～黒川）

第三導水路　約三キロ　内径三～四m（黒川～大芦川）

第四導水路　約七キロ　内径四～五m（大芦川～南摩川）

(b)取水・放流施設

大谷川取水放流工、黒川取水放流工、大芦川取水工

(3)（導水及び補給の概要）。

黒川、行川、大谷川には、南摩ダム、行川ダムから戻し水をするが、大芦川への補給は栃木県が建設する東大芦川ダムより行なう計画となっている。東大芦川ダムが、思川開発事業の補完ダムであることが明記されている。

（『思川開発事業』水資源開発公団より）

事情概要によれば、この計画は鬼怒川水系から渡良瀬川水系に流量を変えるもので、計画そのものが異常である。「洪水調節」として、南摩ダム地点の計画高水流量毎秒一三〇トンのうち、一二五トンの洪水調節を行なうというが、水の貯まらない「小川」の基本高水が毎秒一三〇トンなどということはあり得ない。ダムを建設するための作られた数字である。しかも行川ダム予定地は今市地震の震源地である。

一九九九（平成十一）年十一月に、思川開発事業に関する事業実施計画の変更が公団より発表された。変更部分は、「新規利水」と「費用及びその負担方法」についてである。

「新規利水」については、当初は「栃木県及び下流関係都県の諸都市」となっていたのを、変更案では、「栃木県の水道用水、工業用水、栃木県鹿沼市、小山市、茨城県古河市、総和町、埼玉県、千葉県北千葉広域水道企業団などの各都市」が新たに記載されている。

東京は水余りのため、東京都は一九九四年に思川開発事業から離脱した。東京砂漠解消のための事業だったので、本来なら、この時点で思川開発事業は中止となるところだが、栃木県、茨城県、埼玉県、千葉県に新規利水を肩代わりさせて、事業を続行することにした。一度始まった公共事業は、目的を変えて継続するという典型である。

現行計画（平成十四年に変更された計画）（図1―2―3、図1―2―4）。

二〇〇二（平成十四）年三月一日付きで、一九九四（平成六）年の実施計画が以下のように変更された。

「『行川ダム』を削除する。南摩ダムの『堤高は一〇五・〇メートルから八六・五メートル』に、『総貯水容量は約一億一〇〇万立方メートルを五一〇〇万立方メートル』に改める。導水管の名称等を変えること」等を指示している。

(1)（事業の概要）

思川開発事業は、思川支川の黒川、大芦川と南摩ダムを導水路で連絡して、水融通を図り水資源開発を行なうもので、総事業費は、約一八五〇億円である（前計画は二五二〇億円だった）。

(2)（施設計画の概要）

①南摩ダム

流域は一二・四平方キロで、間接流域は、黒川四九・五平方キロ、大芦川七七・四平方キロである。

堤高は八六・五メートルである。形式は、コンクリート表面遮水壁型ロックフィルダム、総貯水容量は五一〇〇万トンで、有効貯水容量は五〇〇〇万トンである。湛水面積は二・〇平方キロである。

②導水路、取水・放流施設

(a)導水路施設（九キロ）

図1-2-3　思川開発事業の施設計画の概要(現行計画)

独立行政法人 水資源機構思川開発建設所資料を基に作成。

黒川導水路　約三キロ（黒川～大芦川）

大芦川導水路　約六キロ（大芦川～南摩川）

(b)取水・放流施設

黒川取水・放流工、大芦川取水・放流工

（『思川開発事業』独立行政法人・水資源機構より）

大谷川取水の中止と、行川ダムの中止、補完ダムの東大芦川ダムの中止で、思川開発事業は半身不随に陥っているが、国土交通省はまだ、思川開発事業を諦めていない。平成二十三年度の事業は付け替え県道、環境調査等で、進捗率は四三％である。

政権交代とダム問題

二〇〇九（平成二十一年）八月三十日の総選挙で、単独過半数を獲得して大勝利した民主党は、九月十六日に連立政権を樹立した。民主党のマニフェストには、「大型公共事業の全面見直し」があり、「八ッ場ダムの中止」が謳われている。思川開発事業（南摩ダム）も、当然、見直しの対象となった。

下野新聞（二〇〇九年九月十六日付）の記事「民主公約で広がる波紋～どうなる南摩ダム」によると、「先の衆議院選挙で、栃木県の小選挙区で当選した民主党議員の四人中三人が、選挙前に市民団体が実施したアンケートに『水需要の減少』などを理由として、思川開発事業は『中

図1-2-4　思川開発事業の取水・導水のしくみ

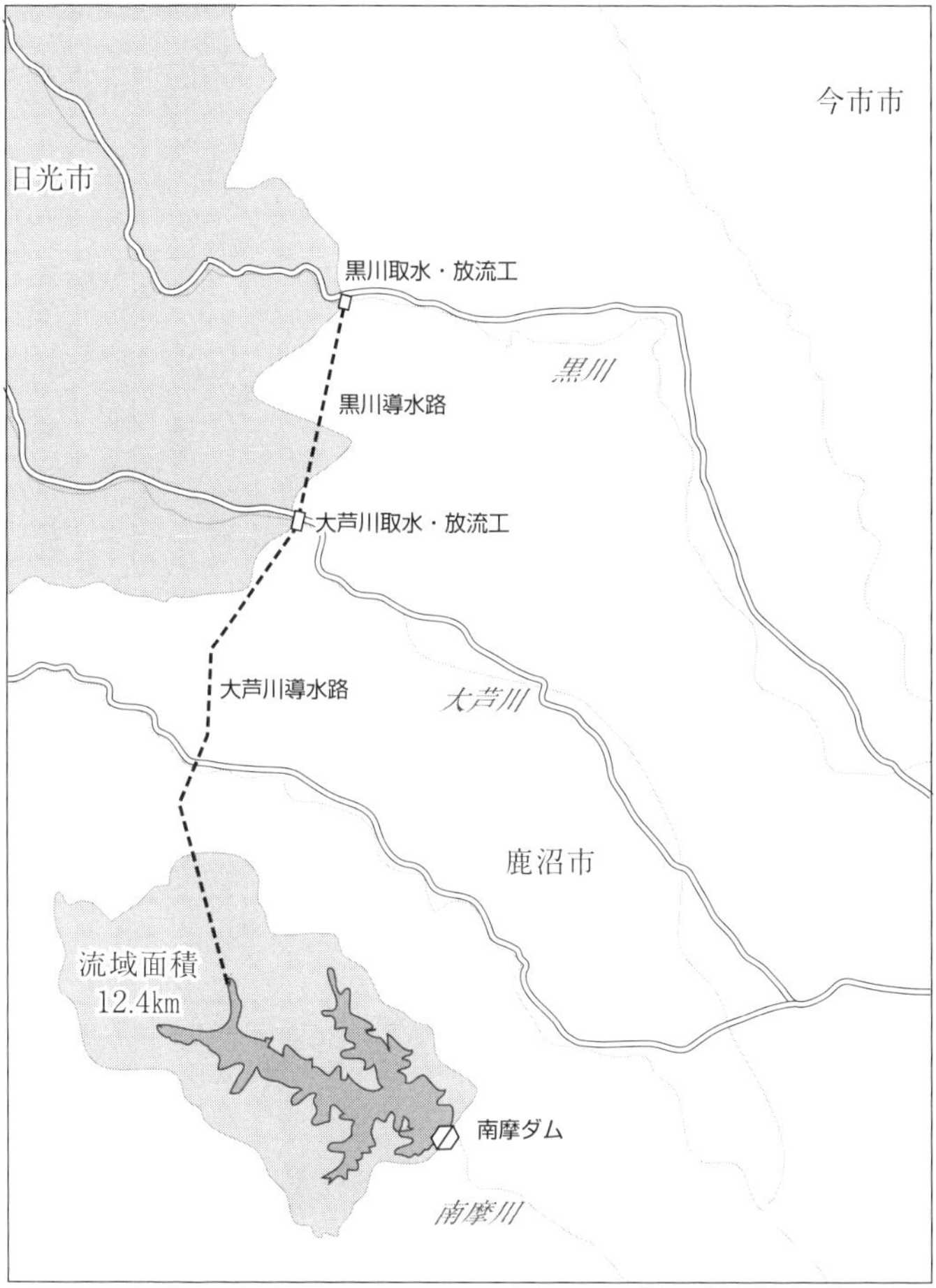

独立行政法人 水資源機構思川開発建設所資料を基に作成。

止すべき』と回答している。中でも、かつて知事の立場で事業の『見直し』に取り組んだ福田昭夫氏の存在を重く見る向きもある。計画地の近くに住み、市民団体と連携してダム反対を訴え続けている七〇代男性は『八ッ場ダムと比べて事業規模が小さいのは不安材料だが、もしかしたらとの思いはある』と期待感をにじませる。工事を担当する水資源機構思川開発建設所によると、本年度に導水路、来年度にはダム本体の工事に着手する予定。二〇一三年度にほぼ完成させ、約一年半の試験湛水を経て、一五年度の運用開始を目指している。総事業費は約一八五〇億円を見込む、という。佐藤信鹿沼市長は、『大型公共事業は常に有効かどうかを見直すべき』と受け止めた上で、『建設地としては軽々に事業が必要とか必要でないとは言えない。下流域の水需要をどう判断するかが重要』と話す」

九月二十七日の下野新聞によれば、「南摩川に南摩ダムを建設し、黒川と大芦川と南摩ダムを、全長九キロの導水路で結ぶ思川開発は、総事業費一八五〇億円のうち、昨年度末までに四〇%にあたる七三七億円が執行された。移転対象者への補償が収束したばかりで、本体、導水路とも未着工。十五年度完成を目指している」とのことである。「鹿沼市・西方町選挙区の神谷幸伸県議(自民党)は事業開始から四十年が経過していることを挙げ『中止にするというなら地域振興をどうするか、命の水をどう確保してくれるのか国が示せ』と憤る。一方、同選挙区の松井正一県議(民主党)は、『地元に賛否両論があるのは事実で、建設中の付け替え道路を仕上げるなどの地域振興は必要だが、水需要は確実に変化している。地元としては南摩ダムに直接のメリットを感じない』と冷めた見方だった」。

本体が未着工の思川開発事業は当初の目的、東京への水補給が必要なくなったことや大谷川取水の中止、行川ダム、東大芦川ダムの中止により南摩ダムに導水される水量が減少して水収支が成り立たずダムとしての機能が果たせないため、中止すべきである。

民主党県連は、谷博之代表、福田昭夫代表代行が、十二月七日の夜に記者会見をし、「鹿沼市の思川開発事業（南摩ダム）の中止、日光市（旧栗山村）の湯西川ダムの中止を含めた事業の全面的見直しを求める」と発表した。十二月八日には、民主党県連代表代行の福田昭夫議員が、院内で、細田豪志副幹事長に、思川開発事業の中止などの要望書を手渡した。福田議員は、国土交通省も訪れ、三日月大造政務官に、思川開発事業の中止などを要望した。

これらのダムは、前原誠司国土交通相が見直しを掲げた全国の一四三事業に含まれており、南摩ダムは本体工事に入る前の段階で一時凍結となり、本体工事に着工している湯西川ダムは計画通り進められている。事業継続か否かの判断基準に、前原大臣は、本体工事に着工しているかどうかを挙げている。民主党県連は両ダム工事現場や地元の意見聴取などを通して慎重に議論を重ねていたが、本体未着工の南摩ダムについては、「南摩川は余りにも水量が乏しい。鹿沼市もダムの水は使わない」などとして、早い段階で中止の意向を固めていた。谷、福田の両氏は、両ダムの地域振興策について、「付け替え道路や水没者の生活再建策は、党としてもしっかり取り組む」と述べた（下野新聞・十二月八日付）。

第三節　思川開発事業の行方

凍結された南摩ダム

思川開発事業が、中止含みの一時凍結になったことで、自民党県連・県議会政調会は、二〇一〇年一月十三日に、ダム建設予定地を視察し、地元住民と意見交換をした。住民側からは、ダム事業の継続を求める意見や「山の木をほとんど伐ってしまい、大雨が降ったらどうするのか」といった不安の声が上がった。また「ダムが仮に中止になっても、荒れ放題で元の形には戻らない。過疎化対策として後始末を十分にやって欲しい」といった要望が出された（下野新聞・一月十四日付）。

下野新聞（一月十六日付）によれば、水資源機構は、十五日までに、思川開発事業の中核となる導水路建設工事の入札中止を決め、ホームページで公表したという。入札中止の対象は、思川の上流部の南摩川に建設する予定の南摩ダム本体（未着工）と、その北側を流れる大芦川、黒川をつなぐ約九キロの導水路工事である。同機構は、入札を昨二〇〇九年十一月に予定していたが、前原誠司国土交通相の「一時凍結」表明を受け同年十月に延期を決定。さらに年末には、事業を継続するかどうか検証する対象に入り、最終判断は二〇一〇年の夏頃に出る見通し、とのことである。

南摩ダムが中止含みの凍結となったことで、水源地域対策特別措置法（水特法）に基づく事業（水特事業）の行方が混沌となった。

ダム事業は、国のほかに、下流県が費用を負担する水特事業と水源地域対策基金事業がある。南摩ダムは、水特が二二事業約一四三億円、基金は九事業約一一億円が予定されていた。二〇一〇年度の水特事業は一〇事業九億円を計画していた。しかし、本体工事の凍結で状況が一変した。千葉県は「本体工事の姿が見えない中、水特事業、基金事業について回答できる段階ではない」。茨城県は「本体工事が凍結だから、これから協議する話し。ダム完成が前提で、中止になったら、利水者が負担することは考えられない」としている。

「現在明らかにされている南摩ダムの新年度予算案は総枠の四〇億四四〇〇万円のみで、水特事業の付け替え県道整備は、国が、移転した道路を拡幅する工事のため、予算案の詳細が分からないと金額が決まらない。中止となれば、水特事業費を負担する下流県のユーザーが支払いを拒むことも予想される」（下野新聞・一月十九日付）。

二月二十五日の栃木県議会一般質問で、自民党県議の質問に対して、県土整備部長は、「仮に中止になれば、伐採された山林の保全や大芦川の堰の改修など、必要な安全対策、地元の方との約束が予定通り実施されるよう、事業主体の水資源機構に働きかける」と答えた。南摩ダムの建設予定地では、ダム湖に沈む予定の線まで、周辺三三〇ヘクタールの樹木が伐採されたまま、本体工事に入る前の段階で、主要な工事がストップしている。地元では、豪雨災害を懸念する声が出ている。将来の県内水需要についての共産党県議の質問に対しては、高橋正英県総合政策部長が、「大きな影響はないのではないか」との見通しを述べた。県内でも、各市町の水道水の水需要減少が顕在化している（下野新聞・二月二十六日付）。

凍結中の南摩ダムの工事現場について

二〇一〇（平成二十二）年四月六日に、地元の室瀬地区民を対象に、南摩ダムの放流管トンネルの見学会が、施工業者の前田建設により行なわれ、地区民九名が参加した。放流管トンネルとは、ダムの水を下流に流すためのトンネルで、ダム工事用の仮排水路（約八〇〇メートル）とほぼ並行している。仮排水路も間もなく貫通する。放流管トンネルは全長六〇六メートルで、四月五日（二〇一〇年）現在で五一三・九メートルまで掘り進んでいる。参加住民は次のように報告している――トンネル内は砕石が敷かれていて、大型機械やダンプが通るためか、こぶし大の石もあり、照明も十分でなく、水でぬかるんでいて歩きにくかった。何もない薄明かりの中を黙々と歩いた。右前方に看板が立っているのが見えた。「切羽・耳栓着用」と書いてある。切羽まで五〇メートルくらいの地点だ。切羽に機械が一台、左右にクレーンのアームのようなものが伸びている。資料によると、ドリルジャンボという機械や、トンネル内側にコンクリートを吹き出して結着させるための、先端が自由に動く通称ロボットという機械も使用されているようだ（廣田義一・「流域の会」会報第六十五号より、一部抜粋）。

思川開発事業の「水特法」に基づく事業（地元住民の生活再建に必要な事業など四事業約四億三〇〇〇万円）が実施される見通しとなったことが、下野新聞の取材で分かったという。南摩ダムの水特事業は、費用を負担する下流県が、本体工事の動向をにらみ態度を明らかにしていなかったが、栃木県砂防水資源課の担当者は、「先月の事業調整会議で、下流県から異論は出なかった。工事はできると思う」との見通しを示した。内訳は、西沢地区圃場整備事業約一億円、上南摩町砂防施設整備事業約四〇〇〇万円、県道改良事業約二億三〇〇〇万円、（県が実施）。西沢地区の公共下水道事業約六〇〇〇万円（鹿沼市が実施予定）である（下野新聞・六月十三日付）。

南摩ダムの工事は続く

二〇一〇年七月三日に、「流域の会」の第一五四回定例会を鹿沼市で開いたが、その後、南摩ダム関連の県道付け替え工事現場を調査した。

下野新聞は、南摩ダム付け替え道路に関して、「工事続行は理解できない」という『論説』を公表した。一部を掲載する。

「ダムが本当に必要かどうかをこれから検証し、その結果、ダム建設が中止になるかも知れない。その場合、無駄になる関連工事がいま着々と進んでいる。これは一体何だろうか」。「現在の県道はダムができれば水没する。そのためにダムの水位を上回る高い位置に新たな県道を造る。トンネル四カ所と橋八カ所で、総延長約六・四キロで、総事業費は一三〇億円にも上る」。「前原国交相は、国と水資源機構が進める五六ダム事業のうち、四八事業について、『二〇〇九年度内に新たな段階に入らない』と述べ、事業を一時凍結する考えを示した」。しかし、思川開発事業では、「トンネル一カ所と橋三カ所の工事を契約し、すでに着工していたトンネル一カ所と共に工事を続けている」。「水資源機構は『付け替え県道は国が示した〈新たな段階〉の基準外』としているがわかりにくい」。「仮にダム事業が中止になれば、ムダな工事の責任は誰が取るのか」。「国交省は、南摩ダムの実質的な検証を事業主体である水資源機構と関東地方整備局に行なわせる方針だ。このような工事を続行しながら行なう検証を国民は信用するだろうか」（七月二十八日付）。

思川開発事業を含む全国八四ダム事業の判断基準案がまとまり、秋にはダム事業の見直しが始まることになった。ダム建設を前提とした河川整備から、「ダムに頼らない治水」への転換を目指すが、今回提示された判断基準案には、「脱ダムにつながらない」などの批判が続出した。この判断基準に従って建設が止まるのは、全体の一～二割との見方が省内には広がっている（下野新聞・八月二日付）。

八月二十四日の、栃木県知事の定例会見で、福田富一知事は、付け替え県道整備事業について、「仮にダムが中止になったとしても、地域の利便性に寄与する」「凍結期間中でも工事を続ける方針に変わりはない」と工事続行を容認した（下野新聞・八月二十五日付）。

思川開発事業の再検証

十二月二十四日に、「思川開発事業の関係地方公共団体からなる検討の場」（第一回幹事会）が開かれた。

情報公開については、「傍聴希望者は、原則として、中継映像により別室の一般傍聴室にて公開」とのことで、モニタールームのような部屋で、遠くから会議を「眺める」ことになる。会議の大半は配付資料の説明に終始し、河川部長が挨拶で述べる「活発なご討議をお願いしたい」というのが空虚に聞こえる。

討議に入っても、各県が意見を述べて一巡してから、まとめて回答するというもので、一問一答でないので、的を得た回答にはなっていない。

二〇一一（平成二十三）年六月二十九日に、第二回幹事会が開かれたが、前回と同様で、会議の大半は配付資料の説明だった。

治水対策案として示された二六の方策も、利水案として示された一七の方策も、八ッ場ダムの方策と同じなので、出席者から、「いまここに集まっている都県のメンバーは八ッ場ダムの検討会のメンバーと同じなんです。こういった説明はもうみんな分かっている。もう少し効率的な運用ができないのか」「八ッ場ダムの時にも申し上げたが、二六の方策の中には、現実性が考えられないような案があるが、もう少し効率的に現実的である検討案を検討し、検討の場のスピードアップを図って欲しい」という意見が出された。

これに対して、水資源機構ダム事業部事業課長は、「今回のダムの検証は全国のダムについて臨時的かつ一斉に行なうということで指示をいただいております。その検証に係る検討を行なうために本省から実施要領細目が示されております。基本的にはその細目に則り、全ダムの検証に係る検討の作業を進めていると思います。そういう意味で、同じ実施要領細目に則り作業を行なっておりますので、八ッ場ダムと重複する内容があることは我々としても承知しておりますが、一方で、今回の検討は事業ごとに行なうこともあわせて指示いただいております。我々としては、できるだけ説明に過不足がないように効率的に運営していきたいと思っておりますのでご理解をいただきたいと思っております」（議事録より）と回答した。

これが「予断なく検証」なのか。このような「検討の場」で事業継続が決まるのかと思うとやりきれない思いがする。

第2章 ——ダムとのたたかい

第一節　思川開発事業を考える流域の会

思川開発事業を考える流域の会の発足

栃木県自然保護団体連絡協議会（以下「栃自協」という）では、かねてから、栃木県内のダム問題について関心を持っていたが、一九九五（平成七）年十月十一日に「栃自協」に「ダム部会」を設けることを決め、一九九六（平成八）年一月二十八日に、「栃木県のダム問題を考えるシンポジウム」（第一回）を開催した。講師は、嶋津暉之（東京の水を考える会代表）、猪瀬建造（日光の自然を守る会代表）、高松健比古（渡良瀬遊水池を守る利根川流域住民協議会代表世話人）の三氏である。

嶋津代表は、「水行政に何を求めるか」というテーマで、水源開発がもたらす生活破壊、自然破壊、水質の悪化、災害の誘発、ダム堆砂と海岸線の後退など、の問題点を指摘すると共に、つくられた渇水や水源開発の裏にある談合問題について講演した。猪瀬代表は、これまであまりよく知られていなかった「思川開発事業」（南摩ダム）の概要を説明し、導水事業の問題点などについても詳しく説明した。高松代表世話人は、足尾鉱毒事件と渡良瀬遊水池との関係について説明し、進行中のアクリメーション計画によるレジャーランド化やゴルフ場造成により、ワシタカ類の東日本最大の越冬地である渡良瀬遊水池の生態系の破壊について問題提起をして「遊水池の開発はもうごめんだ」と結んだ。

同年九月二十一日には、「栃木の水を守る連絡協議会」（代表・葛谷理子）主催の「南摩ダムを考えるシンポジウム」が開催された。

当日のシンポジストは、徳永武士（水資源開発公団労働組合中央本部書記長）、猪瀬建造（地質調査技師）、藤原信（「栃自協」代表）の三人である。

徳永書記長は、水開発の必要性として⑴首都圏の「水」の不安定、⑵栃木県の将来の「水」確保、⑶県南地域の地盤沈下（地下水くみ上げの影響）、⑷栃木県南の新たな農業用水確保を挙げ、一九七〇年の「利根川水系における水資源開発計画の全部変更」により、思川開発事業が追加された経緯を説明し、思川開発事業の計画、目的、導水及び補給方法などについて話しをした。猪瀬建造は、行川ダム予定地は今市地震の震源地にあり、その地点にダムを造る危険性について述べ、藤原信は、自然保護の立場からダム不要論を述べた。

十月十三日には「栃木県のダム問題を考えるシンポジウム」（第二回）が開かれ、岡本雅美（日本大学生物資源科学部教授）が「首都圏のダム問題」というテーマで基調報告を行なった。その他、各地からの報告として、①思川開発事業（南摩ダム）、②東大芦川ダム、③湯西川ダム、④渡良瀬遊水池、⑤首都機能移転（水問題に絞って）などの問題が提起された。

この頃、全国のダム事業の見直しを進めていた建設省は、一九九七（平成九）年八月二十六日に、計画中、休止、凍結する具体的な事業を公表した。これは、厳しい財政事情により、公共事業費が削減されたことによるもので、中止六件、当面休止一二件、事業凍結七〇件というものである。計画中の公共事業が中止される前例であり、当時問題とされていた細川内《ほそごうち》ダム（徳島県）も一時休止ダムとされた。

同年九月十三日に、「今市の水を考える会」（福田健彦代表）「栃木の水を守る連絡協議会」（葛谷理子代表）などの呼びかけにより、「思川開発事業を考える流域市民の会」（仮称）準備会が結成された。

新しい会の発足を十月十一日とし、会の名称を「思川開発事業を考える流域の会」（以下「流域の会」という）とすることにした。組織について、代表を藤原信にお願いしようということになったとのことだった。筆者は、この三月に宇都宮大学を定年退職したので、第一回の準備会には出ていなかったが、九月二十一日の第二回の準備会への出席を要請され、第二回準備会から参加した。

「流域の会」の設立が決まり、十月十一日に発足総会を行なった。総会の参加者は五九名で、三八人の個人と一二団体が会員として加入した。設立趣意書は以下の通りである（一部省略）。

「思川開発事業は一九六二年に基本計画が閣議決定された後、九四年五月、事業実施方針が建設大臣から水資源開発公団に対し指示され、現在は測量、地質調査等が行なわれています。この計画は、栃木県の日光中禅寺湖を水源とする大谷川から、今市市内で取水した水を、二〇キロ南の南摩ダムまで導水トンネルにより運び、この間にある行川、黒川、大芦川からも取水し、行川ダム、南摩ダムの二つのダムに貯水するというものです。鬼怒川水系から思川水系へ、五本の川を横断、取水しながら二〇キロ先のダムまで運ぶという、特異な水資源開発計画で、一九九四年時点で、総事業費二五二〇億円の事業です。（中略）

三〇年以上も前に決定したからという理由で、社会情勢の変化や水需要の変化にも関わらず、計画が進行中の思川開発事業に関しては、数々の問題点、疑問点があります。（中略）

ダム建設という公共事業は、川を壊し、自然を壊し、人間関係をも荒廃させてしまいます。世界的にもダムの必要性が疑問視されている時代に、この思川開発事業は本当に必要な事業なのでしょうか。大谷川、鬼怒川、黒川、行川、大芦川、南摩川、思川、渡良瀬川、そして利根川と、この事業に関連する流域に住む市民が、ともに力を合わせ、思川開発事業の問題点を明らかにし、自然と人との新しい関わり方を提案していきたいと考えます」

以下、この趣旨に賛同する一二団体が連名している。

第一回の定例会で、代表に藤原信（宇都宮大学名誉教授）、副代表に猪瀬建造（日光の自然を守る会代表）、福田健彦（今市の水を考える会代表）、事務局長に伊藤武晴、事務局に葛谷理子、塚崎庸子を選任し、①現地の状況を把握すること、②正確な情報を速やかに地元に提供し、問題点を広く世間に発表すること、③交流会等を実施すること、④公開質問書を建設省、水資源開発公団、関係都県に出すこと、等を決めた。

十一月一日の第二回定例会では、目標を定めて計画的に活動することとし、会員各自に特技があれば、それを生かして、自発的、積極的に行動することにした。

具体的な活動として、建設省が行なった環境アセスメントの問題点を検証すること、行川ダムと地震の問題を研究すること、現地住民と連携すること、東大芦川ダムに対する取り組みを強化すること、講演会やシンポジウム等を開催すること、などを決めた。

十一月十三日には日本弁護士連合会（日弁連）の事務局に、思川開発事業（南摩ダム）の状況を説明して現地調査を要請し、十六日には、日弁連の公害対策環境保全委員会が行なう南摩住民のヒャリングに同行し、意見交換をした。

十二月二十日に、今市市で、「思川開発事業を考える流域の会」主催、「今市の水を考える会」（代表・福田健彦）協賛で、「森林・水」（ダム方式に拠らない水循環の望ましいあり方を探る）というテーマで講演会を開催した。

「公共事業のあり方」と「森林と水資源の涵養」について藤原信が、「地下水賦存のメカニズム」について猪瀬建造が講演をしたが、一〇〇人を超す入場者の約七割が今市市民であり、今市市民の関心の高さが感じられた。

一九九八（平成十）年一月十四日に開かれた県議会総務企画常任委員会で、ダム指定の手続きが進められることが明らかになった。指定されると、水源地域の生活環境などの整備に向けた「水源地域整備計画」が策定され、地域指定を受けた地区では、「国の公共事業などが優先的に導入できるメリットが生まれる」という。水没地区にはこれまで強い反対があったが、前年十月にダム上流で、水没予定四地区のうち、最後まで反対していた笹之越路ダム対策協議会（一三戸）が公団と用地補償立ち入り協定を締結したので、これを受けて建設省がダム指定の手続きを開始した。ダム指定手続きは「あくまで事務手続きの一つ」としているが、今後は建設着手に向けて大きく動き出していくと見られる（下野新聞・一月十五日付）。

「流域の会」は、一月二十二日に、鹿沼市において、「身近な自然環境の大切さを考える」という講演会を開催した。

講演に先立って、東大芦川ダム予定地の見学を行ない、講演会では、高橋比呂志（鹿沼市職員）が「東大芦川ダムの問題点について」のテーマで特別報告を行なった。

高橋は、「栃木県と鹿沼市の考え方にはズレがある」と前置きし、「県は『大芦川は出水のたびに大きな被害を出してきた』と洪水調節機能の必要性をあげているが、市は議会で『これまで大きな洪水被害の記録はない』と答えている。市は熱心でないのに県が造りたがっている奇妙な構図が浮かんでくる」と問題提起をした。

高松健比古「栃自協」代表は、「希少種を守るだけでなく、そこに当然いるべき生物がいることが人間にとって大切だ。ダムに代わるものとして日本の林業をしっかり復権させることだ」と訴えた。

猪瀬建造は、「計画にある行川ダム建設予定地は今市地震の震源地だ。ダムが地震を誘発することも考えられ、建設には不適切だ」と、行川ダムと地震の関係を報告した（会報三号より）。

ブックレット『真の文明は川を荒らさず』を発行

七月四日には、日本自然保護協会に申請していた助成金が決定し、ブックレット『真の文明は川を荒らさず』（随想舎）を発行することとなった。ところがここで思わぬ横槍が入った。今回の助成は、日本自然保護協会の審査を経て決まったが、助成団体の全労済が、ダムの反対運動には助成できないと言い出したのである。全労済の下部組織である全労済栃木支部の傘下には、水資源開発公団の労働組合が参加しているためのクレームとも思われた（真偽のほどは確かめるすべがないが）。このため、日本自然保護協会での審査が通った助成事業が取り消されると言う羽目になり、紆余曲折の末、全労済の事務局の骨折りにより、助成金相当額の援助を受けることが出来た。

九月五日に、宇都宮大学で開催された「流域の会」の定例会には、思いもよらない人が出席して、独特の口調で熱弁をふるった。西大芦漁業協同組合の石原政男組合長である。

「私たちは、二十六年前に、東京が水不足で大変だと言うことで、『東大芦川ダム建設』の同意を求められた時、『オカミ』のすることだから仕方がない、ということで同意をしてしまいました。この計画はいまに遡る二十六年前の、高度経済成長期の一九七三年に浮上したものです。しかし、計画当初と比較すれば、時代は大きく変貌しています。東京沙漠と言われた東京も、いまは水余りとなり、この事業から撤退しました。すでに無用となっているにも関わらず、事業主体の栃木県は、推進の立場を変えようとしません。

大芦川は北関東随一の清流です。大芦川は過去に災害をもたらすような洪水は発生していません。私たちはこの素晴らしい自然を子孫に残したいと思っています。大芦川の自然を守りたいと思います。是非とも応援をお願いします」と訴えた。

私たち「流域の会」は、すでに、東大芦川ダムの中止を求める運動をしていたが、地元にこのような声があることを知らなかった。

漁協の組合長にとって、住民運動には違和感があったとは思うが、多分、新聞紙上で、「流域の会」の活動について知り、あえて集会に参加したのは、石原組合長の決断だったのだと思う。

その時点ではまだ、私たちは、東大芦川ダムが、思川開発事業（南摩ダム）の補完ダムという認識は持っていなかったが、これ以降、「流域の会」で、東大芦川ダム反対運動に積極的に協力していくことになる。

時のアセス

一九九八（平成十）年九月十七日には、南摩ダムが、水源地域対策特別措置法九条に基づくダムに指定された。

公共事業に関わる再評価システムが、国の事業にも取り入れられるようになったのは平成十年のことだが、まだその運用については必ずしも適切に運用されているとはいえなかった。

鹿沼市出身の小林守衆議院議員（民主党）は、思川開発事業についての再評価について、一九九八（平成十）年十月九日の衆議院建設委員会において、以下のような質疑をしている。

○**小林議員**「思川開発事業、いわゆる南摩ダム建設問題について、この評価システムではどのように再評価がなされ実行されるのか」

○**建設省青山俊樹河川局長**「思川開発事業の再評価の実施主体は水資源開発公団（以下「公団」という）及び関東地方建設局（以下「関東地建」という）でございます。再評価にあたりましては関東地建が設置した『事業評価監視委員会』に諮ることとしております」

○**小林議員**「公共事業が国民的な合意のもとに民主的に進められるためには、何といっても情報の開示と住民参加のシステムが確保されることだと思います」。「再評価監視委員会の性格とか委員の構成がどのようになっているか。住民団体とか環境関係の団体とか、本当に専門的な研究をされている皆さんは非常にレベルが高い。そういう人達を、ただ単に反対するから入れないんだとか、……こういう事業評価の監視委員会の中でそのような民間団体の代表の方々がどう位置づけられていくのか、私は不十分ではないかと思う」

○**小野邦久建設大臣官房長**「事業評価監視委員会の委員の構成は、学識経験者等の第三者から構成される委員会と位置づけていて、委員は地域の実情に精通した公平な立場にある有識者のうちから選定をする。選定にあたっては都道府県知事のご意見を聞くなど透明性の確保に努めていきたい」

○小林議員「ダム等審議委員会の委員構成についても、知事や建設省お気に入りで構成されているのではないか。要は推進のためのお墨付きを与えるような審議委員会ではないのか」。「賛成の人も入って結構でしょう、しかし反対の人も入れなければならない。大臣のご見解をお聞きしたい」

○関谷建設大臣「推進派から見てもいいだろうし、また反対の側、それを進めたくないという反対の方から見ても、私はこの再評価の組織はいいことだろうと思う。委員のメンバーは推進派だけではないかというようなご注意がありましたが、私は当然その地元の方々の、何も前もって反対する人を入れろということではなくして、現地の方を必ず入れる。それはいま局長が答弁いたしましたが、地方公共団体の長ではなくして、もちろんその長も入れるのも結構ですが、やはりダムであれば水没をしてしまうその地域の方などを入れるというのは当然やっていかなければならない。それを、私が狙っております。すべての事業をやるときの透明性にもつながってくるわけでございますから、私はそういうような考えで指導していきたいと思っておるわけでございます」

○小林議員「大臣の答弁の方向で、是非進めていただければと思っています」

以上の質疑でも分かるように、これからつくられる思川開発事業の再評価委員会では、委員に地元住民を入れることになった。

西大芦漁協の反対運動が始まる

十一月十四日には、「水源開発問題全国連絡会」（水源連）第五回総会を今市市で開催し、翌日は、「流域の会」発足一周年記念事業として、「思川開発問題全国集会」を開催し、「真の文明ハ山を荒らさず、川を荒らさず、村を破らず、人を殺さざるべし」（田中正造）という集会アピールを発表した。

一九九九（平成十一）年一月十七日に、「鹿沼の清流を未来に手渡す会」（以下「手渡す会」という）が発足した。二月五日には、鹿沼市室瀬地区では、南摩ダム予定地の洪水吐けを、左岸から右岸に付け替えるという「公団」の説明に対して、室瀬地区の住民は、「室瀬は反対だ」と改めてはっきり宣言をした。

二月十六日の衆議院予算委員会で、小林守議員は思川開発事業について以下のような質疑をした。

○小林議員「去年の建設委員会（十月九日）で、大臣は、事業再評価委員会のメンバーには、地方公共団体の長ばかりでなく、水没住民など現地の方を必ず入れる、こういう答弁をいただいている」。「ところが、実際のところ、『関東地建』の思川開発事業についての事業再評価についいては、このような答弁にも関わらず、即継続という回答がそのままの委員会の状態の中で行なわれてしまった。大臣の答弁はどうなったんだということで、極めて強い不信感を持っているところなんですが、その経過等についてお聞きしたい」
○関谷建設大臣「水没者の代表者の方々もその場に入って十分に意見を聞きたいということを答弁した。担当者に答弁させます」
○建設省青山俊樹河川局長「思川開発事業につきましては、関東地建事業評価監視委員会におきまして、今後も現地の理解を得るべく努力するとともに、河川整備計画策定変更の手続きの中で現地の意見の聴取を図ることという付帯意見付きで継続了承ということになったので、今後この意見を尊重して、水没者の代表の方も入った場を設定いたしまして十分に意見を聞いて参りたい」
○小林議員「いつどういう形でそのような事業再評価委員会の構成を直して、編成替えをして関係住民の声をしっかり受け止めていく、そういうスケジュールになっているのかどうか」
○青山局長「なるべく早い時期に、十分なご意見を聞く場を河川整備計画を議論する中で設けて参りたいと考えている」
○小林議員「何となくやるんだかやらないんだか分からないような形で進めていくような感じがするが、日程も含めて具体的には」
○青山局長「春以降になろうかと思いますがそのような場を設けていきたいというふうに考えております」

○小林議員「春というと、四月頃からということでよろしいのでしょうか。いいですね」

このような質疑で引き出した答弁が、後に、建設省と公団による「思川開発事業検討会」の開催につながった。小林議員はこれ以後も、地元住民の声を国政に届けるべく努力をしてくれた。

水没予定地の林業家も反対運動に参加

二月には、ダム予定地の白井平《しろいだいら》地内でただ一人、ダム計画に反対していた大貫林治（総理大臣賞を受賞した林業家）が、西大芦漁業協同組合に加入し、ダム反対運動の戦列に加わった。

前年、栃木県土木部河川課から、大芦川流域の魚類調査の要請を受けていた西大芦漁業組合（石原政男組合長）は、三月十四日に、総代会を開いて協議をした結果、関東随一の清流である大芦川を守るため、「東大芦川ダム建設計画に反対する決議」を議決し、執行部として、ダム建設を前提とする環境調査は拒否することを決めた。また、「東大芦川ダム計画白紙撤回」を要望していくこととし、入漁券の購入者全員（約一四〇〇人）を対象にアンケート調査を行なうことになった。また公団のダム建設事務所から、説明会開催の要請を受けたが、漁協の役員会で「説明会は開かない」と断った。

三月二十一日には「鹿沼の清流を未来に手渡す会」（代表・中島健太）主催の、「水資源開発公団と南摩ダムを語る夕べ」と題する講演会が鹿沼市で開かれた。公団からは九人の職員が参加した。

講演会では、荒谷慶太水資源開発公団第二設計課長が「思川開発事業の概要」という題で、「流域の会」の藤原信代表が「ムダなダムはいらない」という題で講演し、その後、活発な質疑応答が行なわれた。みぞれ混じりの悪天候にも関わらず、会場は満席で立ち見も出るような盛況で、中には、小林守議員の姿もあり、補償交渉に疑問を持つ水没予定地の住民も参加していた。

三月三十一日には、一月二十七日に、「流域の会」から栃木県知事に出していた「公開質問書」の回答が届いた。

「回答」の要点は、「思川開発事業とその関連事業に対する栃木県の負担額は、洪水及び流水の正常な機能の維持分として約一四一億円。水道用水分の負担額は約四二億円。いずれも地方債でまかなう予定（償還期間二十年、利率二・二％）。工業用水は、各県の利水配分が未定のため不明。水道用水供給事業については、県南で水需要が増大するため広域水道整備計画を検討したいが、具体的なことはこれから。工業用水供給事業の負担額と供給計画については、今後県南で増加が見込まれるが、具体的なことはこれから。灌漑用水についても、県南では地盤沈下進行その他の理由で思川開発事業に水源を依存したいが、負担額は今後の検討課題。ほぼ地方債でまかなう予定」というものである。

思川開発事業に対して栃木県は巨額な費用負担をすることになっているが、実際にダム関連事業も含めた負担額がいくらになるのか、また起債の利息も含めると総負担額がどれほどの金額になるのかは明らかでない（会報八号より）。

五月二十日の今市市の臨時市議会で、福田昭夫今市市長（現民主党衆議院議員・総務政務官）は、思川開発事業の大谷川取水問題について、「議会や市民の議論の成果を踏まえて最終的な結論を出したい」と述べた。この問題では、一九九五年に、市長の諮問機関として思川開発事業大谷川取水対策委員会が組織されていて、大谷川取水反対期成同盟や議会、市の関係者のほか学識経験者ら合わせて二五人が、水量調査や市内の井戸の水位調査などを行なっている（下野新聞五月二十一日付）。

栃木県は、五月二十三日に、鹿沼市立西大芦小学校体育館において、東大芦川ダム計画の地元説明会の開催を企画したが、西大芦漁業協同組合（以下「漁協」という）は、前々日の五月二十一日に、県庁内の県政記者クラブで記者会見を行ない、説明会への不参加を表明し、ダム建設中止を訴える要望書を栃木県知事に提出した。

要望書は、「ダム建設計画当時の二六年前とは社会的情勢も変化し、日本の人口は二〇〇七年をピークに減少傾向に入る。今後、鹿沼市だけが急速な人口増、飲料水の不足があることは到底考えられない。漁協としては『今回のダム建設計画は、あらゆるデータを勘案しても単に自然を破壊するだけのもの』と考えざるをえない。ダム建設予定地は関東で屈指の清流といわれ、県内でも希少の天然のニッコウイワナが生息し、各地の釣り愛好家らが集まってくる。漁協が正組合員と年間遊漁券の購入者ら約一三〇〇人に行なったアンケートでも、回答があった五四五人のうち『ダム建設反対』と答えた人が四七六人に上る。東大芦川ダムの白紙撤回を求める」というものである。

栃木県が二十三日に開催した地元説明会に参加した地元住民はわずか二〇人だった。

思川開発事業検討会が開催された

六月十二日の臨時総代会で、漁協は、地元住民の意向を反映させるため、「東大芦川ダム建設計画の白紙撤回を求める署名活動」をはじめ、七月一日までに、全三七四世帯の九〇%に当たる三三七世帯、九五五人の署名が集まった。漁協はこの結果を地元自治会連合会に報告後、七月十五日に署名簿を県知事に提出した。「石原組合長は『多少生活が不便でも、きれいな水と美しい自然を守って暮らしていきたいという住民の意思の現われ』と話している」（下野新聞）。これにより、漁協と地元自治会の住民との共闘態勢が作られることになった。

七月二十五日には、今市市で、「思川開発事業のムダを告発する」（「流域の会」主催）という講演会が開催され、水源連の嶋津暉之が、南摩ダム・思川開発事業の問題点を厳しく指摘した。

八月四日に、建設省・公団主催の第一回「思川開発事業検討会」（以下「検討会」という）が、宇都宮市で非公開で開かれた。この検討会は前年（一九九八年）の十一月に、関東地建事業評価監視委員会が、思川開発事業の事業継続を承認したが、二月十六日の衆議院予算委員会で、小林守議員が地元の意見聴取を求めたことを受けて、河川局長が国会で、四月頃開催すると約束した「事業再評価委員会」にあたる。検討委員は一二名で、学識経験者が七人、県など地元行政関係が三人、地元住民二人というメンバーである。

「流域の会」では、当日、「検討会」の公開を求めたが、委員会で検討の結果、「公開にすると自由な意見が述べられない」という理由で審議を非公開（マスコミのみ公開）とされたので、「審議の公開」と「地建・公団と公開シンポジウム共催を求める要望書」と資料などを提出した。小林議員が求めた全面公開は反古にされた。

会場には入れなかったが、会議室から大きな声の反対意見が洩れてきたのでびっくりした。会場にいたマスコミの人から聞いた話では、反対意見を述べたのは新川忠孝（下野新聞論説委員長）と福田昭夫（今市市長）で、福田市長は、「今市市では大谷川からの取水に絶対反対である」と表明したとのことである。

八月十日には、西大芦漁協の石原政男組合長ほか幹部三名と、「流域の会」の藤原信代表ほか二名が、小林守議員と鬼ケ原秘書の案内で、関係省庁（環境庁、厚生省、建設省、大蔵省、水資源開発公団）を歴訪し、「東大芦川ダム建設計画白紙撤回を求める要望書」と「思川開発事業の中止を求める要望書」を提出した。

環境庁では、自然保護局計画課の小林光課長が、西大芦漁協がニッコウイワナの原種の保存に取り組んでいることに敬意を表したいと言い、クマタカの飛翔については、繁殖の可能性がある場合には「工事を慎重にと進言する」とのことだった。

建設省では、地元に反対があることは知っているが、「十分話しをして理解が得られるようにしていく」とのことで、思川開発事業と東大芦川ダムの関係については、「同じ地域なので関係が全くないとはいえないが、計画としては別である」とのことだった。

大蔵省では、「予算を付けないで欲しい」という陳情は初めてだとのことだったが、要望については「建設省とも相談して対応する」とのことだった（会報一〇号より）。

九月二十九日に行なわれた西大芦漁業協同組合の理事・監事会で、「西大芦漁業協同組合は、東大芦川ダム建設計画に関し、白紙撤回以外の話し合いには、如何なる話し合いにも応じないことを、理事・監事会で議決致しました」と言う文書を作成し、渡辺文雄栃木県知事に、内容証明で送付した。

十月三十一日には、午前中に、「今市地震と行川ダム」というテーマで講演会があり、「今市の水を考える会」の福田健彦代表が、行川ダムが思川開発事業に組み込まれた経緯について説明をした。地質研究者の猪瀬建造は、今市が周辺地域より震度数が高い傾向にあるとし、その特異性に注意を促した。生越忠元和光大学教授は、行川流域周辺には、普通の地質調査では分からない活断層がいっぱいあり、地震の巣に囲まれているところにダムを造るのは無理があると、行川ダムの危険性を挙げている。午後からは、現地調査を行ない、ダム予定地上流左岸の崩壊箇所、ダム予定地、今市地震による民家等の倒壊地域の様子を調べた（会報一一号より）。

十二月十一日に、鹿沼市草久の鹿ノ入公民館で、自治会と漁協の共催の「東大芦川ダムのシンポジウム」があり、西大芦地区自治会の住民と西大芦漁協のメンバーが集会に参加した。

十二月二十二日に、「大芦川清流を守る会」が結成された。会長は東大芦川ダム予定地の地権者であり、内閣総理大臣賞を受賞した林業家の大貫林治である。内閣総理大臣賞受賞の林業家の立派な山林をダムで破壊しようとする水資源開発公団が、治水・利水を語る資格があるのか。

二〇〇〇（平成十二）年一月十三日に、建設省・公団主催による第二回「思川開発事業検討会」（「検討会」）が開催された。

今回も一般には公開されなかったが、傍聴を許された各新聞記者の情報、新聞記事（朝日、毎日、東京、下野）から読み取れる検討会の各委員の発言の要旨は以下の通りである。

○**石倉洋子**（白鴎大学経営学部教授）「公共事業の費用を次世代への借金として残すことには危惧がある。節水を徹底して水需要を考え直すべきではないか」

○**小堀志津子**（宇都宮大学教育学部教授）「悪影響を及ぼさないようなダム建設を要望したい。ダムで森が失われる分、照葉樹を植林すればいい」

○**永井護**（宇都宮大学工学部教授）「地元への対応策が出来ていない。地元への補償が基本」

○**新川忠孝**（下野新聞論説委員長）「ダム建設の目的が当初の東京の水問題から変わってきている。地元の反対もあるし、この際あきらめることも必要」

○**鈴木乙一郎**（栃木市長・県水資源開発促進協議会長）「事業に伴う自然環境の破壊が問題だ。地元の理解が得られるよう、地元の意見を踏まえた検討をすべきだ」

○**高橋咲雄**（県経営者協会地域環境委員長）「財政難や環境問題など公共事業への評価は将来にもわたるので、費用対効果や水資源確保の代替案を詰める必要があり、凍結・中止の勇気も必要だ」

○**田嶋進**（栃木県企画部長）「長期的視点に立てば水需要の確保は必要で、それが県民の福祉向上につながる」

○**福田昭夫**（今市市長）「計画から時間がかかりすぎており、建設の目的自体が変わってきている。余っている工業用水や灌漑用水の用途変更を行なえば水は十分確保できるので、思川開発は事業の意味がない」。「三十五年間に社会情勢が変わり、事業の必要性がなくなった」

○**福田武**（鹿沼市長）「立ち退きを決めた地元の人々のために、ダムが来てくれれば結構なことだ」

○**駒場久遠**（南摩ダム補償交渉委員会委員長）「三十五年間の心労は計り知れない。やっとの思いで決意した今、一日も早い生活再建を願っている」

○**斉藤政夫**（今市地区土地改良区協議会会長）「地元住民の理解がなければ事業は進められないはずだが、今市をないがしろにして既成事実が積み重ねられていくのは納得できない」

○**西谷隆亘検討会座長**（法政大学工学部教授）「公共事業では地元の利益だけを考えるわけには

行かない。関東地方建設局の事業再評価委員会の結論は首都圏の備えのために継続と出ている。そのために地元の理解を得たいと言うことだ」

西谷座長は関東地建の事業再評価委員会の委員である。この発言を見ても分かるように、この委員会は「ダム建設」が前提となっていることは明らかである。

「学識経験者の委員を中心に、思川開発の事業目的や効果を疑問視し、凍結や中止を求める意見が相次いだ。学識経験者の委員からは、自然環境への影響や水需要の見込み、地盤沈下対策としての効果などへの疑問、ダム事業自体への批判などが相次ぎ、『一度白紙に』『事業凍結、中止の選択肢も』などの声が出た。一貫して計画反対を主張している福田昭夫今市市長は『川治ダムの余っている工業用水を都市用水にすれば、水需要は賄える』と代案を提案し、思川開発は『事業の意味がない』と指摘した。一方、県の田嶋企画部長や福田武鹿沼市長、水没予定地の南摩ダム補償交渉委員会の駒場久遠委員長らは事業推進を求めた」（東京新聞・一月十四日付）。

同日の朝日新聞は、「財政難や水需要の不確かさなどを理由に、複数の委員から計画の中止、凍結を求める厳しい意見が出た。検討会は、その結果を『地建局長及び公団総裁に報告する』のが目的なだけに、今後、検討会が中止を求める意見をどう報告に反映させるのかが注目される」と伝えた（会報一三号より）。

結果的には、「検討会」の結論は西谷委員長の意見の通りで、この「検討会」は「単なるガス抜き」として使われただけだった。

第二節　大谷川取水に大きな疑問

「思川開発事業大谷川取水対策委員会」調査報告書の提出

二〇〇〇（平成十二）年一月十六日には、「大芦川清流を守る会」（大貫林治会長）が、大芦川沿いの三カ所に、「自然の中にダムはいらない」などと書かれた立て看板を立て、ダム建設反対を訴えた。

二月二十四日には、「流域の会」は「東大芦川ダムの再評価の見直しについての要望書」を、県公共事業再評価委員会に提出した。

「要望書」では、「『過去の大水害は足尾銅山へ生活物資を供給するための乱伐によるもので、森林が再生されてからは起こっていない』と反論。水道用水の確保に対しても『水需要予測が過大で、ダムがなくとも水は余る可能性がある』と主張しており、『再評価委員会の結論は納得できず、再度審議をやり直して欲しい』と訴えている」（下野新聞・二月二十六日付）。

西大芦漁協は前年秋から、大芦川流域や関東一円の釣り愛好家を対象に署名活動を行ない、「大芦川清流を守る会」は年初から、地元住民や県内の自然保護団体の協力を得て署名活動を行ない、「東大芦川ダム計画の白紙撤回」を求める署名が合わせて一万八〇〇〇人集まった。三月七日には、ダム水没予定地に山林や墓地を持つ地権者五名が「計画の白紙撤回を求める要望書」を栃木県知事に提出した（毎日新聞・三月八日付）。

三月八日に、今市市長の諮問機関である「思川開発事業大谷川取水対策委員会」の調査報告書が、福田昭夫今市市長に提出され、市議会と反対住民に提示された。

「調査報告書はA四判三四二ページで、公団と今市市の間で争点となってきた県南部の水需要と地盤沈下や、ダムの地震対策、魚類・植物への影響など一二項目について調査している。水需要については、県南部の市町の具体的な水需要が明確でないことや県に開発済みの工業用水が余っていることなどを挙げて事業の必要性に疑問を投げ掛けた。市内に建設予定の行川ダムについては、断層の存在や揺れによるダム堰堤の崩壊などについて『不安が残る』としている。また魚類・植物については、公団側が行なった環境影響評価（環境アセスメント）と独自に行なった調査の結果を比較し、公団のアセスの精度や影響評価に疑問を呈した」。「福田市長は調査報告について『見事に問題点が整理されており、尊重したい』とした上で、『（計画の受け入れは）私一人の意向で決めるものではなく、議会や反対住民などの意見をよく聞いて最終的に判断したい』と話した。今後、調査報告書を市民に公開するなどして意見を集約する構えで、今月中にも態度を表明するとしていた点については『特別措置法のことが新たに出てきたので、じっくり検討したい』と明言を避けた」（毎日新聞・三月十一日付）。

「思川開発事業大谷川取水対策委員会」は、一九九五（平成七）年に今市市長の諮問機関として発足した委員会で、十一月から調査を開始した。調査の目的は、思川開発事業が大谷川を中心とする今市扇状地に与える影響を、客観的、科学的、実証的に公正な調査と研究を行なうことで、四年三カ月間に及ぶ調査を進めてきた。報告の要旨をまとめると以下のようである。

大谷川の水を取水される今市市にとって、(a)取水後の、①大谷川の流量、②農業用水、③地下水位の変動、④生物、植物などに与える悪影響、等の心配があり、(b)導水管による地下水脈分断の恐れや、(c)行川ダムの地震に対する不安、等は昭和四十年の計画当初から懸念されてきた。鬼怒川に流れている水を、渡良瀬川に転用する流域変更も問題である。

水需要については、川治ダムの工業用水が現在使用されていないことを踏まえ、水需要には疑問があるとしている。地盤沈下については、県南の都市用水の過剰な地下水の汲み上げというよりも水田灌漑のための限度を超えた地下水の汲み上げが原因ではないかと指摘している。大谷川取水は、今市扇状地の地下水位の低下をもたらすとし、これは今市の水田面積の減少を招く恐れがある。

大谷川で取水した水を二十キロ先の南摩ダムへ送るため、扇状地を横切り落合地区の山中に敷設する直径四~五メートルの導水管を通すことが地下水にどう影響を及ぼすかについて、類似地である熊本県の竜門ダム、神奈川県の宮ケ瀬ダムへの調査を行なった結果、両方とも地下水や沢水の枯渇が発生していることが判明したと記載されている。導水管の及ぼす影響については、公団の環境アセスメントでは触れておらず、公団の説明は疑問点が多い。地元の話では、事業施行者から因果関係を科学的に立証しろといわれたが、それは困難だ、とのことだった。
行川ダムの地震に対する安全性は確認されず、行川ダムの地震に対する不安は残っている。行川ダムの下流には集落があるので不安はぬぐえきれない。
（思川開発事業大谷川取水に対する「調査報告書」より）

立木トラスト始まる

東大芦川ダムの建設に賛成する地元住民で作る「東大芦川ダム地域整備協議会」（大貫雅男会長・一三戸）は、二〇〇〇年三月十日に、用地補償基準に関する確認書に調印した。ダム事務所側が家屋や宅地、田畑、山林など地目ごとに補償基準額を提示し、出席者全員が合意に達した、という。同協議会は、ダム計画に伴って水没や移転を余儀なくされる地元住民が集まり、一九九三年に発足し、九六年度から用地補償のための立ち入り調査を受け入れ、土地や家屋などに対する補償額算定のための調査が進められてきた。

計画の白紙撤回を求めている「大芦川清流を守る会」（大貫林治会長）では、水没地に山林や墓地を持つ地権者には知らせないまま、「協議会の会員だけを対象に行なった調印は認められない」と反発を強めている（毎日新聞・三月十四日付）。

三月十九日、二十日の両日、「流域の会」では藤原代表以下五名の事務局員が、神奈川県の宮ケ瀬ダムの導水管の視察を行なった。

宮ケ瀬ダムは、思川開発事業と同じく、いくつかのダム湖を導水管でつないで宮ケ瀬ダムまで水を持ってくるというものである。しかし、導水管の工事により、途中の沢水が涸れ、導水路の近辺の簡易水道の水源も涸れたとのことだった。事前に建設省が約束したことは、協定書を作っても反古にされたとのことだった。現地調査の結果、多くの問題点を確認することが出来た。

これまで、今市市役所OBを中心に活動してきた「今市の水を考える会」は、「市民一人一人が考え、意見を発表することが必要」ということから組織を拡げて「今市の水を守る市民の会」に改組した。福田健彦代表は、「『大谷川取水および思川開発事業には問題点が多く、中止すべきである』という意思を、はっきりとした形で示すために、私たちは『今市の水を守る市民の会』を設立しました」と呼びかけた。

四月二十五日には、「市民の会」のメンバーと福田昭夫今市市長と懇談したが、「この問題に対する市長の姿勢は、あくまで反対を貫くというきわめて明快なものであることがわかり、私たちも意を強くしました」との感想を述べている。

四月二十八日に、水資源開発公団は、南摩ダム建設予定地で、絶滅が危惧されている希少種のクマタカの飛翔を確認したことを明らかにし、同日、オオタカのつがいの生息についても公表した（下野新聞・四月二十九日付）。

公団が一九九四年までに行なった環境影響評価では、クマタカ、オオタカの生息を認めていなかったが、日本野鳥の会栃木県支部（以下「野鳥の会」という）が、思川水系の上流域一帯がクマタカ、オオタカなど貴重な鳥類の生息域であることを確認したことをマスコミから聞き、やむを得ず公表したものと思われる。

「野鳥の会」は、栃木県、公団に、「思川開発事業の速やかな中止を強く求める要望書」を提出すると共に、これ以後、探鳥会などで、思川開発事業問題に関わることになった（会報十五号より）。

五月七日には、次世代に自然を残そうという「東大芦川ダム建設計画白紙撤回を求める立木トラストの会」（大貫林治代表・七地権者・三団体）の呼びかけに応募した約六〇人のオーナーが、建設予定地内の山林の立木に、それぞれの名前を明記した名札を掛ける第一回「札掛け」を行なった。

五月九日には、「東大芦川ダム建設反対期成同盟」が設立された。

会長は、竹沢正之西大芦地区自治会協議会会長で、「西大芦地区住民の生活の安定を図るため、東大芦川ダム建設事業問題を速やかに解決すること」を目的とするものである。

思川開発事業に反対する「思川開発大谷川取水反対期成同盟」（以下「大谷川期成同盟」という）は、「今市の水を守る市民の会」の協力を得て、六月十五日に、今市市民を対象にする反対署名運動とカンパ活動をスタートさせた。「大谷川期成同盟」は、一九六五年に、今市市議会、農業委員会、区長会、農協、土地改良区など一三団体で組織されたもので、大谷川からの取水に伴う水不足、地下水の影響などを懸念して、思川開発事業に「絶対反対」の立場を取っている（下野新聞・六月十五日付）。

六月十一日に行なわれた鹿沼市長選挙では、ダム推進の現職に大差を付けて、新人の阿部和夫が当選した。阿部は、西大芦漁協ほかダムに反対する団体や市民の推薦を受け、「里山風景の保全・復活と山川資源の活用」「山河・里山をよみがえらせ、空気も水もおいしく、自然と市民が共生できる自然環境の保全」などを公約に掲げ、ダム計画の見直しに期待を持たせた（会報一五号より）が、当選後は一転してダム建設を促進し、多くの市民の期待を裏切った。

思川開発事業計画の変更

「大谷川期成同盟」や「今市の水を守る市民の会」などの今市市民の大谷川取水に反対する強力な運動により、事業の実行に懸念を感じた建設省関東地建と公団は、七月七日に、「思川開発事業の今後の進め方」について記者会見を行ない、①今市市の同意が得られなくても南摩ダムの建設を先行する、②最悪の場合、事業の規模縮小もあり得る、との方針を発表し、事業を南摩ダムと三河川（大芦川、黒川、南摩川）に縮小する可能性について初めて言及した（読売新聞・七月十二日付）。

公団の説明によれば、「大谷川からの取水がなくても事業として成立する見通しがある」、「用地補償基準の妥結と必要な用地の取得に向けて努力していく」とのことだが、大谷川からの取水をあきらめた時点で、南摩ダムは機能不全に陥ることになるのに、なお、規模を縮小してでも、小さなダムさえ造ればいいとして用地取得を進めるというのは、まさに「ダムを造ること」が自己目的となっていることを物語るものである。

七月二十日に東大芦川ダム予定地で立木トラストの第二回札掛けを行なった。参加者は約二〇〇名で、小林守、佐藤謙一郎両衆議院議員も参加した。立木トラストの登録者は六〇〇名以上で明認された立木は七〇〇本を超えた。

大谷川からの取水に反対していた福田昭夫今市市長は、思川開発事業を推進する渡辺文雄栃木県知事から、公共事業費・補助金等を削除するなどの嫌がらせを受け、市の行政を進める上で多くの困難を抱えていた。追い詰められた福田は、圧倒的な強みを誇っていた現職知事に敢然と戦いを挑む決意をする。福田によれば、「桶狭間に向かう信長の心境だった」とのことだ。

福田の決意を知った「流域の会」は、「今市の水を守る市民の会」「大芦川清流を守る会」「西大芦漁協」「南摩ダム絶対反対室瀬協議会」「栃木県自然保護団体連絡協議会」「野鳥の会栃木県支部」など今市市、鹿沼市、宇都宮市の住民団体に呼びかけ、八月十五日に、約三〇名で今市市役所に福田昭夫市長を訪ね、栃木県知事選挙に立候補するとき、「思川開発事業と東大芦川ダムの中止」を公約として欲しいと要請した。約一時間ほどの話し合いの結果、「東大芦川ダムと思川開発事業（南摩ダム）の全面的な見直し」の公約を取り付け、栃木県知事選挙での支援を約束した。

福田昭夫今市市長は、八月十八日に、栃木県知事選挙に立候補するにあたり、「税金を無駄にしない行政を推進します」としてダム問題を取り上げ、「県庁舎建て替え計画（七〇〇億円）や思川開発事業（二五二〇億円）、東大芦川ダム（三一〇億円）など、総額三五三〇億円の無駄なダム等の全面見直しをします。」（選挙公報より）と七つの重点政策の一つに位置づけた。福田市長は読売新聞の取材に対して、「思川開発事業に私が反対していることで、県が意図的に（今市市に対する）公共事業費の配分を削減するなど、今市市はいじめを受けている」と話し、知事選出馬への最大の理由が県からの〝いじめ〟にあることを明らかにした。これにより「思川開発事業（南摩ダム）と東大芦川ダム」が知事選の争点になった。これ以後の経過については、拙著『なぜダムはいらないのか』（緑風出版）に詳しい。

大谷川取水の中止が決まる

二〇〇〇年八月に、政府・与党三党による公共事業の見直しが始まった。与党の責任者会議では、①採択後五年以上経過して未着工、②完成予定を二十年以上経過して完成していない、③現在、休止されている事業、などが見直しの対象とされた。

思川開発事業は一九六六年に計画・調査に着手して以来三十六年を経過し、一九八四年度に採択されて五年以上経過しても未着工なので、当然、検討の対象となっていたが、「思川開発が公表リストに載らなかったことについて、自民党筋は『中止というより計画変更。建設省とも見方は一致している』と話し、『知事選の絡みもある。政争の具になっては困る』と知事選への配慮も働いたことを明らかにしている。」（毎日新聞・二〇〇〇年八月二十九日付）。

九月二十四日の建設省関東地方建設局（以下「関東地建」という）の事業評価監視委員会（以後「監視委員会」という）は、「南摩ダムについては、継続して事業を進める」「大谷川分水については、地元の状況等を勘案して当面中止とするが、将来、今市市の関係者の理解が得られる状況になれば、改めて実施について検討する」との方針を決めた。思川開発事業は、一九九八年度の「監視委員会」で、関東地建案通り「継続」とされていたが、八月の与党三党による公共事業の見直しで、大谷川分水が中止勧告されたのを受けて、改めて再評価を行なったものである（会報一七号より）。

大谷川取水を中止した際のモデルケース（関東地建試算）が、九月二十四日の「監視委員会」に資料として提示されたが、それによると、大芦川など鹿沼市内の三河川（大芦川、黒川、南摩川）から水を貯めた場合、南摩ダムで五四〇〇万トンの利水容量が見込め、開発水量も現計画の五〇％まで確保できるという（下野新聞・九月二十七日付）。大谷川取水を中止すれば十分な水が確保できなくなり、事業実行も危ぶまれるが、開発水量を減らして試算して辻褄を合わせている。まさにまやかしの試算である。

十月十五日には、「東大芦川ダム建設反対期成同盟」主催の「東大芦川ダム問題研究会」が、西大芦小学校の体育館で開催され、「流域の会」の藤原信代表の講演があった。ダム問題に関心のある地区住民が多数、参加した。

福田昭夫が知事選に立候補することに伴い、十月二十二日に行なわれた今市市長選挙では、福田が支援した候補者が敗れ、対立陣営の斉藤文夫が初当選した。斉藤は、大谷川分水について、「反対の立場だが、市民の意思が賛成になればその通り対応する」と述べ、今後の市民世論の状況によっては賛成もあり得るとの余地を残した。

栃木県知事選でダム反対の知事が誕生

知事選まで一カ月と迫った二〇〇〇年十月十九日に、福田昭夫を支援する「県民勝手連」（安部勝世話人代表）が発足し、これまで各地で活動していた勝手連がネットワークを組み、「あなたの参加で、変えよう栃木！、創ろう栃木！」と訴え、活発な運動を展開した。筆者も、安部勝代表と一緒に、ハンドマイクを持って、宇都宮の繁華街を、勝手連に混ざって練り歩いた。

時はまさに時を得た。十月十五日には、「変えよう！長野」のスローガンを掲げて立候補した田中康夫が、現職を破って当選し、十一月十五日に、松本市に建設予定の「大仏ダム」の中止を決定した。ここに「脱ダム」への大きなうねりが始まった。

十一月十六日の栃木県知事選挙は、「変えよう！栃木」の民意を受け、思川開発事業（南摩ダム、東大芦川ダム、行川ダム）の予定地の今市市、鹿沼市と県庁所在地の宇都宮市で、現職を大きく上回る得票を重ね、大方の予想を覆して、知事選としては「鼻の差」ともいうべき八七五票という僅差で、福田昭夫が逆転勝利を収めた。

福田昭夫新知事は、当選後、思川開発事業について、「与党の見直しの基準によれば、全面中止となるべきもの。知事である私が最終決断することになる」（朝日新聞・十一月二十二日付）、「与党三党の見直し基準に照らせば、全面中止が正解だ」（毎日新聞・十一月二十三日付）と語った。下野新聞の特集記事（十二月四日付）にも、「当選後、福田氏は『中止』は明言しないが、『もうダムが必要な時代ではない』などと、一般論ながら、中止をにおわす発言を繰り返している」とある。いずれも、全面的な見直しが中止につながる、という見解だった。これを受け建設省は、大谷川分水を中止し、南摩ダムについては継続して事業をすすめることを決定した。

福田昭夫知事の誕生は多くの県民の民意の表れであり、一人一人の力が大きかったが、逸史を一つ。今回の知事選では、民主党県連も自治労栃木県本部も、現職の渡辺文雄知事を推薦したが、「流域の会」と連携してダム問題に取り組んでいた小林守代議士（民主党県連代表）は、「私の後援会は民主党ではないので、福田氏を支持するのは止められない」として中立を宣言し、小林議員の後援会の大半が福田昭夫候補に流れ、小林議員の選挙区である今市市と鹿沼市などで福田候補は大量得票をした。小林議員は自治労出身であるので、選挙後、民主党は辞任勧告を、自治労は組織内除外を検討、との一幕もあった（下野新聞・十一月二十二日付）。結局、次の衆議院選挙で落選したが、鹿沼のダム問題で小林議員の果たした力は大きいものがあった。

十一月二十六日に開催された「思川開発を考える流域の会」発足三周年集会の「ダムは必要

か？市民集会」は、大盛況だった。

「公共事業チェック議員の会」会長の中村敦夫参議院議員の講演に多くの参加者があり、小林守衆議院議員と当選を果たしたばかりの福田昭夫新知事も参加し、それぞれ挨拶をした。集会の最後に、「いま必要なことは、自然を破壊し多額な公費を乱用するダムを建設することではなく、『緑のダム』といわれる森林を育成し、農地を守り、流域の住民が自然の川と共存すること」と呼びかける「緑のダム宣言」を採択した（会報一八号より）。

「流域の会」は大谷川取水を断念した思川開発事業について、水収支を計算した結果、相当の期間で、ダムの底が現れる貯水率五％以下になることを明らかにし、「ダムの利水機能は成り立たず、事業自体が破綻する」と発表した。

十二月十二日には、「東大芦川ダム建設反対期成同盟」の一一人が、福田昭夫知事と直接面談し、「白紙撤回を求める要望書」と五万人の署名を手渡した。前年の五月に要望書を、七月に署名を、渡辺知事に提出しようとしたときは、直接、知事には面談できず、秘書課を通じて提出したので、県政交代を実感した。知事は、公約通り、全面的な見直しをすることを表明し、現地を訪れることを約束した（下野新聞・十二月十三日付）。

同日、「東大芦川ダム建設計画白紙撤回を求める地権者の会」（地権者代表・大貫林治）は、知事に「要望書」を提出した。

「ダム建設予定地の周辺は、栃木県が指定した『前日光県立自然公園』であり、自然公園法に基づく自然公園の指定区域内でもあります。この地域には、素晴らしい渓谷と清流が昔のまま残されたかけがえのない貴重な自然、さらに、クマタカ、ニッコウイワナに代表される絶滅が危惧される希少な動植物がいまも生息している地域です。（中略）私たち、地権者の会は、公共性の明確でないダム建設のために、先祖代々受け継いできた土地が、県によって買収されようとしていることに強い憤りを感じずにはいられません。栃木県知事として、私たちの心情を汲み取り、ダム建設の白紙撤回（建設中止）を早急に決断し、広く県民に発表されることを心よりお願いいいたします」という要望書である。

この地権者の会は、土地収用法にも徹底抗戦する気構えだった。

十二月十八日、当選後初めての県議会で答弁に立った福田昭夫知事は、ダム事業について、「全面見直しは選挙を通じて県民の信任を得た」とし、思川開発事業については、「県に『思川開発事業等検討委員会』（以下「思川検討委員会」という）を設置して新たな方針を決定することを表明、東大芦川ダムについては、学識経験者と地元・鹿沼市で構成する『東大芦川ダム建設事業検討会』（以下「大芦川検討会」という）を設置し、三月までに県の収拾案をまとめる意向だ」とのことだった（毎日新聞・十二月十九日付）。

筆者の住んでいる千葉県の知事選挙が、年を越した三月二十五日に行なわれることになり、市民運動の間から、「変えよう千葉県」という声が高まり、市民運動や住民運動に参加していた団体・個人により「二十一世紀の千葉を創る県民の会」（以下「県民の会」という）が結成され、知事選挙に、県民の手による独自候補を擁立するための候補者選びが始まった。筆者も候補者選定の会議に参加した。長野県、栃木県に続く県民による知事の擁立である。

「県民の会」の政策は、藤原寿和と筆者など四名でまとめたが、千葉県の重要項目は、「三番瀬の埋め立ての白紙撤回」であり、ダム問題はアクアライン問題等と同じクラスに置かれた。

二〇〇一（平成十三）年一月九日に、「流域の会」は、ダム事業についての要望書を提出し、栃木県が設置する検討委員会の公開を求めた。

一月十一日に、福田昭夫知事は鹿沼市の南摩ダム、東大芦川ダムの建設予定地を視察して、賛成、反対の住民から意見を聞いた。南摩ダム予定地に栃木県知事が訪れたのは、構想浮上以来、三十七年目で初めてのことだった。

ダム事業の全面的な見直しが始まる

二〇〇一年一月二十三日には、県の関係部長で構成する「思川開発事業等検討委員会」（委員長は副知事、副委員長は国土交通省から出向の土木部長・以下「思川検討委員会」という）が第一回会合を開いた。「思川検討委員会」は、福田昭夫知事のダム見直しの公約を受けて設置されたもので、企画部、土木部などの部長クラスで構成された。検討項目は、県南一〇市町の水需要、「緑のダム」としての森林の治水面での効果、そして、仮にダムが中止または凍結となった場合の、水没予定地住民に対する補償方策についてで、三月末には方向を固め、知事に答申するとのことだった（下野新聞・二〇〇一年一月二十四日付）。

大谷川取水が中止になったことを受け、農業用水の確保に不安を持った黒川・大芦川両流域の水利組合の役員有志が、一月二十四日に、「黒川、大芦川に関わる農業用水と生活用水を守る会」を発足させた。設立集会には、両河川の水利組合や土地改良区など計一一団体の役員有志約二〇名が集まった（下野新聞・一月二十七日付）。その後、多数の同意を得た上で、福田昭夫知事に、両河川からの取水反対の要望書を提出した。

東大芦川ダムの見直しのために県が設置した「東大芦川ダム建設事業検討会」（以下「大芦川検討会」という）が、一月二十七日に、第一回会合を開催した。見直しの材料にするため、ダムの機能を治水と利水に分けた一五の素案を提示したが、地元代表を中心に賛成・反対の意見が白熱し、集約が難しいことを印象づけた。

県は二月十八日の第二回「大芦川検討会」の会議で、中止、凍結、規模縮小、継続などの意見を集約し、県の部長による「思川検討委員会」で対応方針を整理した上で、福田昭夫知事が三月末に最終決断をする（下野新聞・二〇〇一年一月二十八日付）ことになった。しかし、第一回「大芦川検討会」で事務局から提示された資料はダム建設を前提とする資料ばかりであったので、「流域の会」で作成した資料を各委員に提供し、第二回の「大芦川検討会」での参考にすることを要望した（会報二〇号より）。

一月二十八日には、超党派の国会議員でつくる「公共事業チェック議員の会」（会長・中村敦夫参議院議員）が南摩ダムと東大芦川ダムの予定地を視察した。南摩ダム予定地では「こんな水の少ない川にダムを造るという発想が分からない。公共事業のいい加減さの典型を実感した」との疑問の声が相次いだ。

二月七日に、建設省・公団主催の第三回「思川開発事業検討会」（以下「検討会」という）が開かれた。冒頭、委員長から、「首長の改選、転任や事業の変更があったために委員会が開けなかった」という説明があり、大谷川取水の中止で今市市は無関係となり、今市市の二名の委員はメンバーから外れた。鹿沼市は市長の交代があり、また今回から、ダム直下の室瀬から「南摩ダム絶対反対室瀬協議会」の廣田義一会長が参加することになった。

廣田会長は、「長時間の事務局説明にうんざり～肝心の議論ができなくてがっかり」というコメントを、『思川通信』第二〇号に、以下のように寄せている（要約）。

事務局（公団）の説明によれば、洪水氾濫による被害の想定額は四二兆円と思われ、その被災者は三八〇万人。一二八〇平方キロに及ぶことが考えられる。洪水氾濫を防止するために、堰堤を造るとなると約六八〇億円。かさ上げに二九〇億円。掘り下げに二四〇億円。遊水池なら二一〇億円。南摩ダムなら一七〇億円とのことだ（洪水対策は南摩ダムを造るのが一番安上がりといいたいようだ）。

二時間と限られた「検討会」のうち、事務局の事業説明が一時間あまりありうんざりした。その結果、検討時間や委員が意見を述べる時間が少なくなった。

多くの人々に計り知れない影響を及ぼし、かつ貴重な自然を壊す事業、その上、巨費を投ずる事業、それがこんなやり方で本当によいのだろうか。

南摩川という「小川」が洪水を起こすことはこれまでもなかったし、これからもない。南摩ダムは、水が無いので他所の川から水を引くという「水無川」の南摩川に造られる。ところが公団は、南摩川にダムがなければ、洪水により四二兆円の被害が発生するという。まさに荒唐無稽の夢物語である。

以上が、廣田会長の感想である。

第二回「大芦川検討会」に先立つ二月十六日に、地元反対派委員の竹沢正之自治会協議会長と石原政男漁協組合長は福田昭夫知事を訪ね、計画の中止を前提にした「代替案」を提出している（毎日新聞・二月十七日付）。

この提案を含めて、二月十八日に、最終となる第二回「大芦川検討会」が開かれた。「大芦川検討会」は、学識経験者五名、推進・反対の地元関係者四名、県と鹿沼市の行政関係者二名がメンバーであるが、賛否両論が対立したまま議論が紛糾し、「中止」「凍結」「代替案」「規模縮小」「継続」などの明確な結論が出ず、「大芦川検討会」としては、「意見集約にいたらなかった」とする報告をまとめて、県の部長で構成する「大芦川検討委員会」に提出した（毎日新聞・二月十九日付）。

二回の「大芦川検討会」を傍聴した「流域の会」は、二月二十三日に、「東大芦川ダム建設事業に関する申し入れ書」を福田昭夫知事に提出した。

「大芦川検討会」における委員長の、ダム建設へ誘導しようとする恣意的な議事進行に強く抗議すると共に、「このような事業検討会なら何度開いても意味がない。知事はリーダーシップを発揮して、直ちに東大芦川ダム建設計画を中止する」ことを求めた。

公団は、三月十日に、水没地区の住民に補償基準を提示する予定だったが、県が立ち会いを拒否したので延期になった。これに不満をもった「南摩ダム補償交渉委員会」の約七〇人が、三月十三日に、県に押しかけ、福田昭夫知事と県議会に「要望書」を提出した。

「思川開発事業の全面的な見直し」を公約として当選した福田昭夫知事は、三月十四日に、茨城県の橋本昌知事と埼玉県の土屋義彦知事を非公式に訪問し、非公開で意見交換をした。茨城県知事は、同事業の縮小、中止に懸念を示した。埼玉県知事は、「選挙公約が重いということは分かる」と事業見直しの姿勢に理解を示したが、見直しの賛否や埼玉県の水需要については言及しなかった（千葉県では三月十六日に副知事が対応）。事業見直しに向け、隣県の意向を探るのが狙いと見られる（読売新聞・二〇〇一年三月十五日付）。

二〇〇九年十一月三十日に福田昭夫前知事が宇都宮地方裁判所に提出した「陳述書」によると、「下流県との協議について」として、「私は、自分が栃木県知事選で見直しを公約に掲げていたので、是非理解して欲しいと思い、各知事に面談を申し入れました。茨城県橋本知事は、古河と総和町で、どうしても必要だという意見で、見直しには反対でした。埼玉県土屋知事は、見直しに同意するといってくれました。千葉県堂本知事も、同意してくれました。栃木県知事の公務として、出張して直接面談しました」と陳述している。

思川開発事業は一都四県が関係している事業なので、栃木県だけで中止を決めることができないので「根回し」をしたと思われる。

三月十八日には、南摩ダム、東大芦川ダム建設に反対する「ダム反対鹿沼市民協議会」（山崎宗弥会長）が、鹿沼市役所を訪ね、阿部市長に、ダム建設の中止を求める要望書と二万五三八七名の署名簿を提出した。二万人以上の鹿沼市民が署名をしたことからも、鹿沼市民の民意は明らかである（下野新聞・三月十四日付）。

定例県議会の最終日に当たる三月二十三日に、県議会の自民、民主、公明、県民の声の四会派は、県庁舎整備と思川開発事業、東大芦川ダムの建設推進を求める決議案を可決した。共産党は反対したが、民主党の県議会議員は、国段階の民主党のダム反対に対して、県段階ではダム推進の決議に加わっている。国と県のねじれた関係が、ダム問題でも見られた。この決議は、ダム問題についての知事の判断に大きな影響を及ぼした。

三月二十五日に行なわれた千葉県知事選挙で、「県民の会」が擁立した堂本暁子参議院議員が、自民党候補と民主党候補を抑えて千葉県知事に当選した。堂本知事は、記者たちの質問に答えて、「三番瀬の埋め立ての白紙撤回」を宣言したが、ダム問題についての発言はなかった。

ダムについての新知事の意見を確認するため、筆者は四月二十四日に、「思川開発事業を考える流域の会代表」として、「思川開発事業に関する要望書」を堂本暁子新千葉県知事に提出した。堂本知事とは、知事が参議院議員の頃から交流があり、リゾート乱開発、ゴルフ場乱造に反対する運動や、大規模林道による森林破壊を止めるために林野庁と交渉するときに同席してもらったり、生物多様性条約国家戦略を策定するときも、各国家機関との交渉の場では、私たち自然保護運動（ＷＷＦ―Ｊ）の側にいて、私たちの意見などに耳を傾けてくれていた。

「要望書」は、栃木県での、「福田昭夫栃木県知事による思川開発事業の見直し」にもふれ、「千葉県の将来の水需要について徹底した調査を行ない、その上で、思川開発事業が千葉県にとって必要不可欠な事業かどうか、賢明な判断を下されますよう要望します」というものである。

この要望書に対して、四月二十八日付きで親書が届いた。要約すると、「このたびは、こころのこもったお手紙と貴重な資料をありがとうございました。お手紙は私が直に拝見いたしました。また、いただきましたご意見については、担当部署へ、検討するよう指示いたしました」とあり、自筆で「思川開発、時代遅れですね」との添え書きがあった。

この手紙を見て、これで千葉県も、思川開発事業の見直しが始まるものと思ったが、これも甘かった。いつの間にか知事は、自民党と担当職員に取り込まれてしまった。県議会本会議での、「市民と議員の会」の大野博美県会議員の質問に対しても、担当部局長に答弁をさせるという「役人答弁」を繰り返すようになったのは残念だ。

第三節　思川開発事業の再検証

福田知事、一転、南摩ダムの建設を容認

県の部長で構成する第二回「思川検討委員会」が二〇〇一年三月二十七日に開かれ、当初の水需要計画を下方修正し、思川開発事業から工業用水、農業用水への利水を中止する方針を打ち出した。「脱ダム」の方向に進むことが期待されたが、知事に報告した四つの案には、思川開発事業を中止するという選択肢はなかった（下野新聞特集・五月十一日付）。

福田昭夫知事は、五月八日の記者会見で、南摩ダムの建設を認める考えを正式に表明した。朝日新聞（五月九日付）によれば、知事の発言の骨子は、①国の「南摩ダム（思川開発事業）」は建設を容認するが、事業規模を縮小し、自然破壊を抑えるよう、国、公団に求める。②県営の「東大芦川ダム」は、判断材料がそろわぬため結論を先延ばしし、今後、地元住民を含む公開の協議会を設置して、二年後を目処に最終判断をする。③南摩ダムから栃木県に供給を求める水量を増やし、毎秒一トンとする。これは東大芦川ダムを中止しても、追加分を鹿沼市に回せるようにするためである。④東大芦川ダムの用地買収は続行し、計画中止になっても住民補償は講じる、というものである。記者から、「今回の知事選で掲げた『ムダな公共事業の全面見直し』という公約との間で整合性がとれていないのではないかとの点に質問が及ぶと、『まったく

ぴったり合っている。見直しの中には、中止や凍結もあれば代替案もある。最適なものを選んだ』と答えた」とのことだった。

会見に先立って、県の部長で構成する「思川検討委員会」は、「工業用水の転換に費用がかかるうえ、治水対策もできず、思川開発事業への参加断念も難しい」と報告している。この報告が、知事の南摩ダム容認の判断の前提になったという。

朝日新聞の解説によれば、「国の南摩ダムは認めるが、省くことができる大芦川の方はあるいはやめてもいい。こんな姿勢に、前知事とは違う風を感じる人もいるだろう。しかし、取材に携わってきた立場からは、強い疑問が残る。『公約と違う』という質問が相次いだ。知事は、『公約はあくまで見直しであり、中止とはいっていない』という。しかし、本当に十分な『見直し』がなされたのだろうか。昨秋の知事選後、ダム問題がにわかに県政の重要課題となったのを契機に、県民に水への関心が高まりつつある。だが、知事に水行政の将来をどう描くのかという理念は感じられない」（朝日新聞・五月九日付）。新聞の投書にも、県民から相次ぐ批判の声が上がった。

五月十一日には、民主党の「ネクストキャビネット（次の内閣）」の社会資本整備担当大臣の前原誠司（元国土交通大臣・現民主党政調会長）、長妻明、石井紘基、細川律夫、生方幸夫、水島広子各衆議院議員と県連代表の小林守衆議院議員らが、南摩ダム、東大芦川ダム予定地を視察した後、県庁に福田昭夫知事を訪ねて面談した。前原議員は、民主党の「ダム計画の凍結・見直し」の方針を説明し、「知事の結論はよく分からない。知事選の時のように歯切れよくして欲しい」と迫ったが、知事は、「私は明解。皆さんは国の立場で、私は県民の立場で決断する」と反論した（朝日新聞・五月十二日付）。

民主党は、二〇〇〇年十一月一日に、「緑のダム構想」を公表し、「二十一世紀を迎えるにあたって私たちは、過去の河川行政の誤りを反省し、また外国などの経験を踏まえ、新しい河川政策に取り組むべきである。それには河川行政の目標を『コンクリートのダム』から『緑のダム』に切り替えなければならない」と謳っている。

これは鳩山由紀夫民主党代表（当時）の諮問を受けた「公共事業を国民の手に取り戻す委員会」が答申したもので、その事務局長が前原議員であり、筆者は委員の一人として、この答申の作成に関わってきた。民主党の「ネクストキャビネット（次の内閣）」の思川開発事業の現地視察にも、筆者が、天野礼子と共に現地を案内した（『緑のダムの保続』緑風出版、参照）。

「思川開発事業を考える流域の会」（藤原信代表）と「ダム反対鹿沼市民協議会」（室田栄一会長代理）は、五月十六日に、福田昭夫栃木県知事に、「南摩ダム・東大芦川ダム建設に関する知事の見直し結果に対する公開質問書」を提出した。

「公開質問書」はまず、「知事は、選挙公約として『思川開発事業と東大芦川ダムは全面見直し』を掲げました。『中止』の公約ではありませんが、渡辺前知事が『推進』を掲げたのに対し『全面見直し』と公約したのですから、少なくとも、積極的に推進する立場に立つことはあり得なかったはずです。昨年の『ダムは必要か？　市民集会』における新知事としての挨拶の中でも、『今市市長時代に提案した思川開発規模縮小案は失敗だった』と公言されたことを、私たちはよく記憶しています。東大芦川ダムに関しても、『調査結果が出るまで保留』では、結論の先送りに過ぎません。はっきりと中止と決断すべきだったと思いますが、今回の見直しの結論と公約とのズレについて説明してください」とし、水需要の問題、地盤沈下の問題、水収支について質問し、「見直し結果には、『自然環境等への付加の最大限の抑制を図る』とありますが、今回の見直しには環境の視点が全くなかったと言わざるを得ません」「南摩ダム予定地のオオタカの営巣と、クマタカの営巣が確認されている東大芦川ダムは、結論を二年間も先延ばしにするのではなく即時中止すべきです」と結んでいる。

朝日新聞は、県内の水需要量についての調査結果を明らかにした。それによると、鹿沼市だけが毎秒〇・四二トンと突出しているが、県南の自治体が要望している総量は〇・五一三トンと、県の発表より約〇・一五トン減少している。

脱公約にイエローカード「知事は公約を守れ」県民集会

六月十三日に、「ダム反対鹿沼市民協議会」「日本野鳥の会栃木県支部」「思川開発事業を考える流域の会」の三団体で、国土交通省、環境省、厚生労働省、財務省の各大臣宛にダム事業の中止を求める要請書を提出し、担当者と面談した。

この要請行動は小林守衆議院議員（民主党）の仲介によるもので、ほかに矢島恒夫（共産党）、塩川鉄也（共産党）の両衆議院議員も同行した。

国土交通省では、「思川開発事業は、政府レベルでは、大谷川分水関連の事業が中止されたこと、水没住民への補償は続ける、東大芦川ダムについては見直し途上にあるが、補助金は続ける」との回答を得た。環境省では、環境アセスについて、法律に基づく再評価を求めたが、受け入れられなかった（会報二二号より）。

六月二十四日の脱ダムシンポジウム「知事の見直しを問う」では、下諏訪ダム（長野県）建設反対の代表で、田中康夫を長野県知事に担ぎ上げた発起人の一人である武井秀夫が、田中知事の「脱ダム宣言」について、県民の運動を交えて紹介した。「流域の会」の藤原代表は、「知事の判断にはがっかりだが、決してあきらめない。国の流れはダム中止だ」と反対運動の続行を強く訴えた。

思川開発事業への参加を表明していた都賀町が、「ダムに多額の費用をかけて参加する必要はない」と不参加を正式に表明した。方針転換について、都賀町長は、「県の担当者が良いことづくめの言葉を言ってきた。『使った水量分だけ払えばいい』などという説明だったので、『それなら入りますよ』と言った。しかし、結局、県の説明はウソだった」と県に対し強い不信感を表している（下野新聞・二〇〇一年六月十九日付）。

栃木県は、県南部での水道用水が毎秒一・〇八トン必要になるとして、思川開発事業参加を表明してきた。しかし、各市町の要望水量の算定根拠は発表されていない。県南の水需要は、このようなでっち上げが多いようだ。再調査が必要となった。

福田知事は、知事選挙にあたり、「ダム建設」「県庁舎建て替え」「首都機能移転」「情報公開」の四大争点について、それぞれ、全面的見直し、凍結、公開の徹底などの公約をしたが、八カ月経って、「果たして知事は公約を守っているか」という検証をすることになり、六月二十二日に、「知事は公約を守れ」県民集会実行委員会を結成した。呼びかけたのは「市民オンブズマン栃木」（米田軍平代表）であり、知事選挙で福田知事を応援した団体・個人が参加した。

南摩ダムの規模縮小に伴い計画の見直しが進む思川開発事業で、本県はじめ同事業に参画する下流各県の要望水量が出そろったことが、八月三日までに、下野新聞の取材で明らかになった。

要望水量の合計は毎秒約三・二トンで、当初計画（七・一トン）の五五％減。千葉市は不参加に転じた。埼玉、千葉両県は、人口の伸びの鈍化や既存水源の活用を理由に、大幅に要望水源を削減した。思川開発事業の利水面での必要性がないことが明らかになった。

八月十七日に、東大芦川ダム建設予定地の地元住民が県庁に福田知事を訪ね、県が設置する予定の「大芦川流域検討協議会」（以下「協議会」という）のあり方についての要望書を提出した。要望書では、「①「協議会」では利水・治水・環境面など、様々な視点で検討する。②「協議会」の人選は公平、公正を基本に自治会協議会長、漁協組合長、地権者を委員に入れる。学識者の半数はダム建設反対期成同盟が推薦する。③「協議会」は全面公開とし、開催場所も半分は地元にすること」を求めた。

この方式は、筆者が参加した「長野県治水・利水ダム等検討委員会」で、田中康夫長野県知事が考え出した委員会のあり方で、委員の人選も知事が選任し、会議は公開とし、会場も一〇〇人の傍聴人を収容できるように、大講堂や、ホテルの大会議場を使用する、というものである。「協議会」は、この要望通りに進められた。

九月九日に、「『知事は公約を守れ』県民集会～脱公約にイエローカード～」が開催された。採択された集会決議の趣旨は、「知事は立候補したときの原点に立ち返り、公約を遵守せよ」というものである。決議文を知事に提出した米田軍平代表は、「原点に立ち返って欲しいという気持ちで、今後も問題を提起していきたい。糾弾ということでなくむしろ励ましの意味を込めた抗議だ」「知事に（オール野党の）県議会に立ち向かう姿勢が見えず、保身などの思いがあるのではないか」「知事は県民ではなく、県議会に顔を向けるように変わってきた」と話した（毎日新聞・十月三日付）。

思川開発事業検討会の公聴会

十月九日に開かれた、建設省・公団主催の第四回「思川開発事業検討会」（以下「検討会」という）で、大谷川取水の中止に伴う南摩ダムの規模縮小原案が公表された。原案によると、工期は二年延長となり、開発水量は当初計画の半分以下になる。総貯水量は当初計画の一億一〇〇万トンから五一〇〇万トンに、ダムの高さは八六・五メートルと低くなり、総事業費も二五二〇億円から一八五〇億円に減額となる。

質疑の中で、「南摩ダム絶対反対室瀬協議会」の廣田会長の質問に答え、現在右岸側に設置が予定されている洪水吐きについて、「ダム縮小で（設置場所の）選択肢が広がった（ダムに反対している）室瀬地区の方の意見も聞き、できるだけ反映したい」と述べ、左岸側に移す可能性に言及した。また、この原案について、宇都宮市内で公聴会を開き、地域住民らの意見を聞くことが決まった（下野新聞・十月十日付）。

十月二十一日に行なわれた、「かぬま水フォーラム〜どうなる？　どうする？　かぬまの水需要」では、「水需要から見たダム問題」として講演した水谷正一宇都宮大学教授は、「思川開発事業・東大芦川ダム建設事業は、事業を凍結して、議論し直す必要がある」とし、県南の水需要、下流県の水需要についての再検討の必要を提起した。

十一月十一日に開催された、建設省・公団主催の「公聴会」と第五回「検討会」の運営は異常だった。

「公聴会」は報道機関にのみ公開され、一般の傍聴は認めないというものだった。「公聴会」の公述人には一三名が応募したが、「検討会」が選任した公述人は、賛成・反対二名ずつで、それぞれ十五分間、「意見を述べるだけ」というものである。

高松健比古日本野鳥の会栃木県支部長（反対）は、大谷川取水が中止になったため、計画そのものが破綻していると指摘した。福田知事が建設の理由にあげた県南の水需要についても過大であり、ほかの水源で代替可能なことをデータを示して主張した。またダム工事がクマタカやオオタカが飛来する優れた里山の自然環境を大きく破壊すると指摘し、一刻も早くダム計画を中止することを求めた。

宮坂拓公述人（反対）は、ダムによる水源開発一辺倒の政策からの転換を求め、地下水利用、節水、雨水利用を広報することを求めた。

「公聴会」の後、引き続き第五回「検討会」があった。

「公聴会」と第五回「検討会」について、廣田義一委員（南摩ダム絶対反対室瀬協議会会長）は、その異常さについて、「公聴会・第五回検討会について」というコメントを、『思川通信』第二四号に以下のように寄せている（要約）。

ある委員から、「思川開発事業はまだ熟していない。二〇〇七年頃、日本の人口もピークになると言う。その頃になると見通しも分かってくると思うし、じっくり腰を据えて検討するといい。時代の流れからも慎重にその時点でまた『検討会』を開いたらいい」との発言があったが無視された。

事務局から「『検討会』の内容を整理して欲しい」という発言があり、西谷委員長が一枚の紙を取り出し、「私がこんなふうにまとめてみたのですがいいですか」と「意見書骨子」を読み上げた。

私は、委員長が「検討会」の方向を操作しているように感じたので、「委員長として適切でない。中立であるべきだ」と発言したが、委員長は「『検討会』は議事のように一つの結論を出すのでなく、いろんな意見を出し合うところです。多数意見、少数意見として、総裁、関東地方整備局長に提出するのです」といって躱されてしまった。

「検討会」の三日後、委員長作成の「検討会意見書」（案）が公団から届いたが、「検討会」の席上で出された骨子に前文が付いており、推進意見しか盛り込まれていなかったため、「到底認められない」と抗議文を出した。委員長からは「『検討会』で別段異議が出なかったことを理由に、意見書の書き換えはできない」と回答があった

しかしながら、反対意見・少数意見が盛り込まれていない意見書は、到底認めることができないので、再度抗議文を郵送した。その結果、「絶対反対の室瀬地区」という文言が入り、前文は削除された。しかし全体としては事業推進が前提の意見書なので、「室瀬としてはこの意見書は認められない」との通告書を二十一日付けで委員長宛に送った。（会報二十四号より）。

廣田義一委員の抗議にも関わらず、「検討会」の西谷隆亘委員長は、事業推進を前提とする「思川開発事業検討委員会意見書」を、国土交通省関東地方整備局長と水資源開発公団総裁に提

出した。

「思川開発事業を考える流域の会」「今市の水を守る市民の会」「南摩ダム絶対反対室瀬協議会」「鹿沼の清流を未来に手渡す会」「大芦川清流を守る会」「森と水のネットワーク」「日本野鳥の会栃木県支部」「栃木の水を守る連絡協議会」「ダムに反対し鹿沼の水を守る会」「渡良瀬遊水池を守る利根川流域住民協議会」の一〇団体は、十一月二十三日付で、国土交通省関東地方整備局長と水資源開発公団総裁に、異議申立書を送った。

申立書によると建設省・公団主催の「思川開発事業検討会」は、「この二年間に五回の会議を行ない、意見集約を行なったというが、委員長は『検討会』に出された反対意見を無視し、推進を前提とした『意見書』を作成した。私たちは、以下に示す理由により、この『意見書』の作成過程には大きな問題があり、とりわけ『検討会』の本来の主旨を大きく踏み外した手続きであることに強く抗議するとともに、新たな公平な第三者機関による『検討会』を設置して、一般市民の傍聴を前提とする開かれた場において、真摯な討論を行なうべきであると強く求める」とし、以下のような抗議の理由（要約）を列記した。

①第五回「検討会」は、公聴会で出された意見について十分議論せず、委員長があらかじめ用意していた推進を前提とする「意見書骨子」を押し通した。事務局である公団と委員長が、恣意的に事業推進へと誘導しようとしたことは明らかで、容認できない。

②地元室瀬地区の廣田義一委員の、「意見書骨子は推進意見に偏り過ぎており納得できない」

という異議に対し、委員長は、「両論併記し、少数意見も盛り込む」といいながら、「意見書骨子」には、一般公募の意見や公聴会における公述人の意見に触れていない、推進意見に偏ったものである。

③委員長は、廣田委員の再三の異議申し立てに対し、「絶対反対の室瀬地区をはじめ事業の必要性を疑問視する人々がいる」が、「その関係者に対しては引き続き説明して理解を得る努力をする」とし、全体としてはダム推進を前提としている。「検討会」で学識経験者から出された、事業に疑問を呈する意見も切り捨てられている。

④廣田委員は「意見書は認められない旨の通告書」を委員長に送っているが、委員長はこの通告書を無視して、事業推進を前提とした「意見書」を、関東地建・公団に提出した。

⑤「検討会」では思川開発事業の利水問題、治水問題、環境問題などについて、専門家からの意見聴取も行なわず、科学的な検証も行なわず、提起されている問題は何ら解決されていない。

⑥昭和四十五年六月八日及び六月十三日の、当時の横川知事と経済企画庁宮崎総合開発局長との往復文書によれば、「思川開発事業については……県並びに地元関係者の納得を得なければ、工事に着手しないものとする」とある。反対意見を無視し、推進意見のみ取り上げた「意見書」を、「検討会」が取りまとめたことは、前記の経済企画庁の回答に矛盾し、信義にもとる行為である。

国土交通省のやる「公聴会」は如何にいい加減なものかと言うことがよく分かる一幕である。

十一月十一日には、東大芦川ダム建設予定地で、「東大芦川ダム建設計画白紙撤回を求める立木トラストの会」（大貫林治代表）による五回目の札掛けが行なわれた。開会式で、石原政男漁協組合長は、「必要のないダムはどんなことがあっても造らせない。ご支援を」と訴えた。会員は一〇〇〇名を超えた（下野新聞・十一月十三日付）。

洪水吐きを左岸に戻す

二〇〇二（平成十四）年一月になって、水資源開発公団は、南摩ダム事業見直しにより計画を変更した。室瀬協議会も、二月十七日に、この変更案について説明を聞くことを受け入れた。

「公団は、『ダムの規模縮小のため』洪水吐きを左岸に戻すというが、当初、左岸に計画されていた洪水吐きを、一九九七年に右岸に変更することにより、室瀬地区の移転対象が四戸から十一戸に増え、これにより、新たな移転対象者を中心に、『南摩ダム絶対反対室瀬協議会』が結成され反対運動が始まった。今回の計画変更により、移転対象者は十一戸から二戸に減ることになる。

今回の変更案により、移転対象外となる室瀬協議会の廣田義一会長は、『ダムの必要性や南摩ダムの機能など、根本の部分で疑問を持っている。だから個人的には反対の姿勢に変わりはない』と強調している。公団の狙いは『室瀬外し』による事業推進だ、との不信感がにじむ。

住民の一人は、『上流の水没地区では補償協定が結ばれ、そこへ今度の変更案。外堀どころか内堀まで埋められていく』と戸惑いを隠さない。室瀬協議会の幹部も、『(九七年の計画変更の際に) 洪水吐きが左岸に戻ることはないといっていたはず。それなのに二転三転する。移転対象から外れ、利害関係が見えにくくなり、室瀬協議会も今後のあり方を考えなくては』と苦渋の表情だ。

公団の説明によると、左岸に戻すことにより、洪水吐きに掛かる工事費用は約二割削減でき、県道も左岸側に付け替えるため、管理用道路など仮施設を造るにも『経済的だ』という。国の『計画変更』の名の下に突如移転を迫られ、さらに『移転外となった』と通告された住民たち。その表情は途方に暮れ、地域コミュニティにも微妙な影を落としつつある」(下野新聞・二〇〇二年三月二日付)。

(注1) 室瀬協議会については、第四章に詳しい。
(注2)「洪水吐き」は、計画降雨量を超した際に、ダムから水を逃がす放流施設をいう。

大芦川流域検討協議会の設置

福田知事は新たに「大芦川流域検討協議会」(以下「協議会」という) を設置し、東大芦川ダムについての検討を行なうことにした。

この「協議会」の委員の構成は、当初は、県の河川課が、ダム推進派二〇名、反対派五名の二五名を委員に委嘱したが、地元からの抗議を受け、ダム反対住民から学識経験者三名を含む七名、ダム推進派からも学識経験者三名を含む七名を選出し、会長は中立な人物を知事が任命する、という中立的な委員構成になった。

会議の行方を決めるには、委員の構成が大事である。

第一回「協議会」は、二月十七日に、宇都宮市内で開催された。会長には鈴木勇二宇都宮大学副学長が任命された。

会議のはじめに、「設置要綱」と「運営について」が定められた。「協議会」の目的は、「大芦川流域全体について水需要、治水、環境、地域振興等を総合的に見直し、検討を行ない、意見の集約を図る」こととし、会議の「全面公開」も決めた。公開の方法としては、報道機関並びに傍聴者に、委員に配布すると同じ資料を配付し、会議終了後は発言委員の名前を明らかにした議事録を作成し、県のホームページで閲覧できることとした。

「協議会」は、三月六日に、委員全員で、大芦川流域の現地調査を行なった。

規模が縮小された思川開発事業の総事業費は一八五〇億円に減額され、このうちの四分の三にあたる一三八〇億円を洪水調節など治水分として、国が七割、流域都県が三割を負担する。栃木県の負担額は、都県分の三〇％にあたる一二九億八〇〇〇万円になる。利水分の負担を合わせると、栃木県の費用負担総額は二五八億七〇〇〇万円になることが、四月十三日の下野新聞により明らかになった。

六月五日の栃木県議会の一般質問で、斉藤洋三県議（共産党）の質問により、鹿沼市が一九九三年に地下水調査を行ない、三カ所で、一日あたりで五〇〇〇トン以上の取水量があることが明らかにされた。斉藤県議は、「必要な量の地下水があるのに、巨額な費用をかけてダムを造る必要があるのか」と疑問を投げかけた（毎日新聞・六月六日付）。

六月十六日に、鹿沼市で開催された第二回「協議会」では、鹿沼市の人口予測の科学的根拠、基本高水の計算資料、水道事業の収益的収支と資本的収支、平成五年に鹿沼市の行なった地下水調査などが議論された。

八月四日に、東大芦川ダム建設予定地で、立木トラストの札掛けがあり、その後、建設予定地近くの白井平地区で、「森のコンサート」が行なわれた。日を追って多くの人の関心が高くなっていった。

八月二十五日の第三回「協議会」では「治水」が議題となり、七月の台風六号による大芦川の出水状況がビデオで上映されたが、洪水とか氾濫というには遠い感じだった。

基本高水の計画規模について、一般河川である大芦川の計画規模は確率五〇分の一（五十年に一回の出水）なのに、都市河川並の確率八〇分の一にしてあるのは、「ダムありき」の考えではないかとの指摘があり、一般河川である大芦川の計画規模を確率五〇分の一にすれば、ダムは必要ないのではないかとの意見が出された。

反対からダム容認に転じた「南摩ダム室瀬対策協議会」の代表が、八月二十六日に、栃木県庁、鹿沼市、公団を訪ね、ダム建設を受け入れることを正式に伝えた。「南摩ダム絶対反対室瀬協議会」（一三戸）の多数がダム建設容認派となり、移転対象となる二戸も移転受け入れに変わった。室瀬協議会の名称も「南摩ダム室瀬対策協議会」に変更され、ダム反対を貫く廣田義一会長ら三人が室瀬協議会を脱退した。まさに「公団」の術中に落ちたといえる。

九月十六日に、鹿沼市板荷地区の住民は、黒川から取水して、導水管により南摩ダムへ送水する計画に反対して、「黒川の水を守る会」（堀内大会長）を設立した。設立趣意書によると、取水により、板荷、見野、玉田地区の農業用水が不足し、家庭の井戸水も涸れる恐れがあるとのことだ。設立趣意書全文は以下の通り。

二七年前の一九六四年に、「東京沙漠」を解消するために構想された思川開発事業計画は、東京都が、同計画への不参加を決定した後も、目的や規模を変えながら生き延び、鹿沼市に潤いと豊かな個性を与える黒川と大芦川の水を収奪しようとしています。

二〇〇〇年十一月に大谷川分水が中止となり、南摩ダムの導水量は六割減ることになったにも関わらず、縮小変更後の計画では、南摩ダムの貯水容量は五割しか減っていないため、黒川と大芦川からの取水量は増えることが予想されます。

私たちの祖先は、豊かな黒川の恵みを受けることでこれまで命をつないできました。しかし、黒川は、流域の開発が進んだことなどにより、数十年前のような豊かな流れはありません。黒川の水量は、他の河川に分けてやる程の余裕はありません、もし、黒川の水が取水により二割も減ることになったら、川の持つ浄化能力が衰え、黒川が悪臭を放つとともに、板荷、見野、玉田地区の農業用水は不足し、農業用水によって涵養されていた家庭の井戸水も涸れる恐れがあります。

これ以上、黒川の水を減らすことは、母なる川を殺すことです。

私たちの今の生活を守るためにも、子供たちに「なぜ黒川を売り渡したのか」「なぜ川殺しを許したのか」と言われないためにも、黒川取水を阻止し、黒川を守っていくことが、私たち黒川を愛し、黒川に生かされてきた者の責務であると考えます。

私たちは、黒川の水を守るための活動をする団体として「黒川の水を守る会」を設立したいと思います。

設立総会での「決議文」は以下の通り。

いま、まさに思川開発事業計画により、鹿沼市民の命の水である黒川の水が奪われようとしています。私たちの命の源である水が、行政の力により奪われたら、と考えると身の毛もよだつ思いです。

板荷地区では、一部の大人たちが、「命の水」と「地域振興事業」とを天秤にかけようとしている中で、先日、小学生、中学生たちによる〝オペレッタ〟が上演され、水の大切さを懸命に訴えていました。

私たちには、黒川の流れを守り、清くきれいな水を後世に伝える義務があります。過日、阿部市長も夏祭りのために自ら創作した鹿沼和樂踊りの振り付けに、「黒川の清流の動きを採り入れた」と電波に乗せて言っていました。このようなすばらしい黒川の清流をでき得る限り自然の流れのままに、子々孫々に伝えていきたい、それが子孫の末永き幸福を願うすべての親の思いであります。

私たち「黒川の水を守る会」の会員は、各自の生活を守り、子どもたちにきれいな水を残し、与えることを誓い、ここに一致団結して黒川の水を守るため、一人一人の力を合わせ、様々な活動を行なっていきます。以上の通り決議します。

しかし、一方では、鹿沼市から補助金をもらって行政の片棒を担いでいる「思川取水対策協議会」や「自治会協議会」は、南摩ダム推進の立場から、住民が、「黒川の水を守る会」へ加入することを妨害し、入会を自粛するように呼びかけている。

このような官製団体などの干渉があっても、板荷地区を中心に、五五〇戸の内の三九九戸（個人会員八〇〇名）が参加し、「黒川の水を守る会」は、予想以上の盛り上がりで発足した。

十月九日に、「黒川の水を守る会」は、黒川流域の住民が取水に反対しているにも関わらず、公団が取水を計画していることに対して、公団と鹿沼市に抗議文を提出した（下野新聞・九月十三日、十月十日付）。規模縮小により、新たな反対運動が起こった。

協議会の議論と推進派委員の辞職

十月二十日の第四回「協議会」のテーマは「利水」だった。

鹿沼市水道部より地下水調査の報告があり、ボーリング調査をした「北日本ボーリング」の責任者が、参考人として、鹿沼市の地下水の現状について説明し、相当量の地下水がある可能性に言及した。

議論を重ねる中で、事務局から出されている資料が「ダムありき」であり、このような資料は削除すべきであるという意見が出された。ダム推進派の石原真一委員（古峰ケ原観光協会副会長）も、「協議会の資料は、ダムありのために作られている資料と判断して間違いないのかなという気がします。……私は是非、次回の協議会の関係者席に知事に来ていただいて、こういう話も聞いていただいて、我々の疑問をぶつけたいと思います。それを要望したい。……私は、ダムが造られた方が地域振興のためにいいと思っています。しかし、最近、知事に踊らされているような気がしてしょうがない。福田知事の出席を是非要請したいと思います」と発言した。

鹿沼市が、第五次拡張計画により、二〇一〇年の人口予測を一一万人と予測しているが過大ではないのか。下方修正すればダムはいらないのではないかとの指摘もあった。

下野新聞が、「思川開発にアキレス腱」という記事を掲載したのは、十一月九日である。「公団が思わぬ壁に直面している。『取水地』の反発だ。黒川に造られる取水放流口の用地は事業全体から見れば一％にも満たないが、『事業を進めるうえで無視するわけにはいかない』重い意味を持つ。六月に、板荷地区の住民有志が地区内を戸別訪問し、『黒川からの取水は、農業用水を不足させ、井戸水を涸らさせる恐れがある』と訴えた。九月には『黒川の水を守る会』が結成され、地区の半数以上にのぼる三二〇世帯が参加した。住民が公団に不信感を抱く理由の一つに、公団による説明の遅れがある。取水地の黒川流域で本格的に説明があったのは二年ほど前だ。その後、今年十月まで説明は一切無かった。堀内会長は、『説明が遅かったうえに、一方的だ。我々はあくまで黒川の水を守る活動をしていく』と反発を強めるばかりだ」

十一月二十六日には、「黒川の水を守る会」が、導水管問題で神奈川県の宮ケ瀬ダムを視察した。二三名が参加した。現地で、「豊富にあった沢水がほとんど取れなくなり、簡易水道になった」「条件闘争が失敗だった」などの実情を聞いたという。

「黒川の水を守る会」の堀内大会長は、『思川通信』第三一号に、以下のようなコメント（要旨）を寄せている。

「（導水ダムの先進地の宮ケ瀬ダムで）まず感じたことは、渇水とはこれほど悲惨なものか、ということです。行政はこれほど嘘つきなのか、このことを改めて思い知らされました」として、宮ケ瀬ダム視察から引き出した教訓その一「ダムや導水路による自然破壊はすさまじい」、教訓その二「一度失った水は戻らない」、教訓その三「建設省の予測は当たらない」、教訓その四「建設省は約束を守らない」などを列挙した。

三月十八日の下野新聞で、県議選立候補予定者のアンケート結果を公表したが、東大芦川ダム建設の是非を聞いたところ、「建設」が三〇人（三九％）、「中止」が二四人（一八％）、「凍結」一八人（二三％）、その他で、民主党は、四人全員が「中止」「凍結」だったという。民主の現職は方針転換したことになるが、その理由は、「思川開発事業で鹿沼市の水道用水が確保でき、東大芦川ダムの必要性が薄れた」などとしている。

第五回「協議会」は十二月に開催が予定されていたが、推進派委員三名が辞表を提出したため開けず延期となった。

辞表を出した委員は、鹿沼市商工会議所会頭、上都賀農協専務理事、鹿沼市森林組合組合長の三人で、「議論がかみ合わず、責任ある結論が出せない」と辞任の理由を説明したという。

これまで四回あった「協議会」では、推進派と反対派が激しく対立する場面もあったが、知事が辞表を受理し後任を補充しなかったので、それ以降の「協議会」は反対派多数の状態となった。

第五回「協議会」が開かれたのは四カ月振りの二〇〇三（平成十五）年三月三十日だった。

委員からの要望を受けて、今回は福田昭夫知事が出席して、「昨年十二月に三名の委員の方々の辞職など、まことに残念な面もございましたが、これまで四回の協議会を開催し、専門的な見地や地域におけるそれぞれの立場から、数多くの意見や提案をいただいているところでありまして、大変ありがたく思っているところでございます」と挨拶をし、午前・午後の会議を通じて会場に残り、とりまとめについての委員の意見に耳を傾けていた。

第五回「協議会」は、各委員からあらかじめ「大芦川流域のあり方について」の意見書が出されていたので、各委員、十分の持ち時間で意見を述べた。その後、「協議会」としての報告書をどのように取りまとめるか、その方法について議論した。

今後の会議の進め方について、推進派委員が、「これ以上議論しても仕方がない」として、次回で打ち切ることを主張したが、反対派委員は、「議論は足りない。最低あと二回はやって欲しい」と譲らなかった。会議を傍聴していた福田昭夫知事は、「皆さんの主張の違いを埋めるのは難しい。最低限、あと一～二回開き、論点を整理してもらえればありがたい」と発言し、鈴木会長が意見書の論点を整理し、次回も議論を続けることで決着した。

福田昭夫知事は、報道陣に、会議の感想を聞かれ「意見が一致しなくても論点が明確になればいい。両論併記でもやむを得ないだろう」と、「協議会」に意見の集約を期待していない考えを示した（下野新聞・三月三十一日付）。

第六回「協議会」は、四月二十九日に開催された。

議事に入る前に、参考人の高松健比古日本野鳥の会栃木県支部長から、環境及び動植物に関する意見を聞き、その後質疑を行なった。

議事に入り、資料として提出された「東大芦川ダム費用対効果について」（平成十五年四月二十九日）を事務局が説明した。それによると、総便益は一七二億円で総費用は一〇一億円となり、費用対効果は一・七ということだった（費用対効果の算出は、国土交通省「治水経済調査マニュアル（案）」平成十二年五月によった）。

栃木県東大芦ダム建設事務所は、平成十二年一月に出した「東大芦川ダム利水計画等業務委託報告書」で、総便益は二七三・七億円、総費用は一九三・八億円と算出し、費用対効果を一・四一としている。この二つの数値の整合性が問題となった。これを二〇〇三年一月に「ダム反対鹿沼市民協議会」が検討したところ、これらの計算には整備期間が考慮されていないことが分かった。

県の計画によると、着工してから完成するまで十四年、湛水期間一年を入れて整備期間は十五年と見込むのが妥当である。整備期間を考慮して計算すると、整備期間を十五年として費用対効果は〇・七八になる。整備期間を十年と見込んでも〇・九五になり、費用対効果は一以下になる。ダム建設は不可能になる。

これに対して、事務局（県河川課）は、「これが完璧であるとは私も思っていませんし、多分河川局（筆者注：国土交通省）も思っていないと思います。皆さんご指摘の通り、いろいろな問題点はあると思います。我々が費用対効果を出す場合に、治水経済調査マニュアル（案）で作成しなさいと河川局でいわれています。もう一つ、ダムの年数推計ですが、法定的には八十年でございますが、便益的には五十年で計算しています。国から示されたマニュアル（案）の中には、ダムを壊すときの費用は計上されていません。あとは環境に関しても入っていません」とのことだった。

鈴木議長が、「費用対効果について河川課から説明をいただき、それに対していくつか確認すべきだということがありました。生データがないとちょっとこれではということも含めて、最後の論点整理の時に水谷委員（宇都宮大学農学部教授）にお願いして確認させていただきます」ということになった。午前の会議は終わり、午後から、論点整理に入った。

論点整理では、鈴木議長が、各委員の発言の主要ポイントをまとめた資料について、各委員より意見が出された。次回が最終ということで、鈴木会長、永井、竹沢両副会長に水谷、藤原両委員が加わり、答申書（案）を作成することになった。

大芦川流域のあり方について（答申）

第七回「協議会」は、五月二十五日に行なわれた。

「協議会」の冒頭、費用対効果について、水谷委員が報告した。

水谷委員が、マニュアル（案）通りに県が計算したかどうかをチェックした結果、マニュアル（案）の誤った運用や明らかな間違いが数多く判明した。このチェックリストは、水谷委員から鈴木会長を通じて前もって事務局に出されていたが、事務局は資料として委員に配布せず、水谷委員から指摘されて慌ててコピーして配布した。これまでも、県は重要なデータを隠したまま、「協議会」の終了間際になって出してきたりした。

水谷委員の報告は以下の通りである。

「マニュアル（案）の誤った適用及び『報告書』の明らかな誤り」

①氾濫ブロックの誤った設定　「氾濫ブロックの設定で、道路による盛り土を考慮していないため、氾濫ブロックにおける被害が過大に見積もられている」。

②氾濫被害のない区間で被害を算定　「無害流量以下の区間や河道整備完了区間で氾濫被害が生ずるとしている」。

③氾濫による下流の流量低減を考慮していない　「越水（溢水）氾濫が生じている場合には、下流への流量が氾濫に応じて低減することになっているのに、そのことを考慮せず、被害を過大に算定している」。

④全面破堤の条件で浸水深を計算するという誤り　「浸水区域及び浸水深を算出するために氾濫流量を氾濫シュミレーションから求めることになっているのに、シュミレーションをせず、左右岸堤防が洪水時に全面破堤し、河道及び堤内地を同時に流下するものとし、一次元氾濫モデルによる水利計算を用いている」。

⑤農作物被害率の数値の誤り　「畑作物平均について、田の価を使って計算している」。

⑥ダム建設費の治水分計算方法の誤り　「多目的ダムの建設費用は、当該ダムの事業費の概算額にアロケーション《（注1）》試算により算定された治水分に係る費用負担割合を乗じて求めるところを、洪水調節と不特定の容量比で治水分を計算し、アロケーション比を使っていない」。

⑦ダム維持管理経費の算定方法の誤り　「ダムの維持管理費は過小に見積もられている」

⑧被害世帯数の誤り　「下南摩の住宅団地の世帯数の実数は一六なのに二五として、氾濫被害を過大に見積もっている」。

⑨流量〜被害額曲線の誤り　「流量〜被害額曲線は不適切に作成され、ダムの治水効果を誤って評価している」。

注1：コスト・アロケーション（費用振り分け）とは、決められた方式にもとづいて、多目的ダムの建設費負担額を、利用用途別に計算することをいう。アロケーション比とは、建設費負担額で計算した費用負担割合のこと。

このほか「ダムの整備期間を十年とした理由が説明されていない」「ダム建設費三一〇億円は平成元年の価であり、平成四年ではない」などの疑問点が指摘されている。

水谷委員の報告に対して、推進派の学識経験者たちも、事務局（河川課）のあまりのデタラメさに言葉もなかった。

参考人として出席していた県土木部次長は、「今回の指摘については今後検討していきたい」

と回答したので、鈴木議長の裁定で、この報告は水谷委員の名前で答申書に入れることになった。

次いで、議長提案の「大芦川流域のあり方について（答申案）」が「たたき台」として出され、各委員が見解を述べた結果、以下のような（答申）が作成された（以下要約）。

(1)大芦川の治水計画について

①基本高水について

基本高水については、「現計画の毎秒一五〇〇トンは妥当である」という意見と、「現計画の基本高水流量は過大であり、再検討が必要である」という意見に大きく意見が分かれて、「協議会」の議論の中で一致することができず、両論併記となった。

②森林の整備について

森林の整備の必要性については、主に地元関係委員から、評価する多くの意見が出された。

③これまでの治水事業に対する課題

大芦川流域ではこれまで大きな災害はなく、工事をしたところで災害が起きている。自然と共生する川づくりを考えるべきであるとし、これまでの治水事業、ダム事業に対する批判が出され、二十一世紀を「川を回復する世紀」にすべきであるという意見が紹介されている。

④費用対効果について

「栃木県河川課による『東大芦川ダムの費用対効果について』（平成十五年五月）では、河道整備による治水効果を無視して、ダムによる治水効果のみを算定するという誤った方法が採られている。また、その中の費用対効果を算定するプロセスでも『治水経済マニュアル（案）』（平成十二年五月、建設省河川局）が指示した方法を適用せずに、あるいは間違った数値を使い、明らかに不適切と考えられる流量～被害額曲線を用いて、過大な被害軽減額を算定するという誤りが確認された。以上のことから、栃木県河川課は、河道整備による治水効果を考慮したうえで、改めてダムの費用対効果を算定し直さなければならない。なお、すでに算定された東大芦川ダム（治水分）の費用対効果＝一・四六という価は、上記の理由から信頼できないばかりではなく、まったく意味を持たないものである（水谷委員）」（「答申」より）。

⑤その他

ダムの効果についても賛否両論あった。

(2)大芦川の利水計画について

①人口予測に基づく水需要の予測について

第五次拡張計画で示された平成二十二年度における鹿沼市の人口予測の一一万人は過大であり、再検討すべきであるとの意見が多くの委員から出された。

②水源対策について

過去の地下水調査の洗い直しや再調査が必要である。漏水防止対策に努力すべきである。農業用水の一部を一時的に上水道水源に転用する「水の融通」が有力な方策となる。既存の浄水場の機能回復を図る。雨水の利用も望ましい。など様々な意見があった。

(3)環境について

①大芦川の自然環境について

大芦川流域は全体の約八割が森林であり、上流の山間域から、里山景観を有する扇状地、下流の田園地帯へ移行するに従い、様相を大きく変え、多様な景観を見ることができる美しい河川である。山林の多くはスギ・ヒノキの人工林であり、上流域にはクリ・ミズナラなどの落葉広葉樹林が分布する。また、ヤマネや猛禽類のクマタカ・オオタカが生息するなど水環境の豊かさも示しており、ニッコウイワナやカジカ、アユが見られるなど、県内屈指の清流が保たれている。

本来あるべき自然とは何か、そこにある望ましい環境とは何かについて議論を深め、環境と整合する河川計画を検討することが肝要であるとの意見があった。

②環境に関する意見

ダム建設は自然の水循環システムを断ち切ることからも、「河川環境の保全」にとってマイナスである。豊かで貴重な自然環境を壊してまでダム建設をする必要はない。田園風景や里山保全のためには、河川改修は最小限にとどめることが必要である、等の意見が出された。

(4)地域振興について

自然豊かな大芦川の河川環境を守り続けることが地域振興につながるということはほぼ共通する意見であるが、インフラ整備についての考え方で意見が分かれた。

①インフラ整備の是非について

自然豊かな大芦川の河川環境を守り続けることが地域振興である。ダムは大手ゼネコンなどの仕事であり、地域の業者はその下請け、孫請けとなるに過ぎない。河川改修や遊水池の造成、漏水防止事業は市内の業者の仕事であり、地域の地場産業の振興こそ、真の意味のある永続性のある地域振興である。西大芦漁協では、大芦川固有のニッコウイワナの増殖に取り組み地域振興を図っている。

地域の発展のためには、インフラの整備が必要である。ダムはその核となりうる。水源地は水を供給する地域の当然の権利として、その見返りを受ける権利がある。ダムによる冬季から春先の豊かな河川流量の確保は、農業の安定化と首都圏農業の可能性を高め、中山間地域や平場における農業の長期的な地域振興の基礎となるものと考える（石原真一委員）。

②森林の公益的機能の向上と林業の振興について

林業経営の多様化も考慮すべきである。水源税制度により上流域の活性化を図る。林業支援を雇用促進につなげる。

(5)その他

①東大芦川ダムと南摩ダムとの連携関係

利水計画において、東大芦川ダムは南摩ダムに対して後発計画としての位置にある。……南摩ダム計画では大芦川から豊水導入するが、黒川とは異なり、いわゆる〝戻し水〟を考えておらず、取りっぱなしである。その意味するところは、東大芦川ダムで大芦川の河川維持流量（流水の正常な機能を維持するための流量）を確保するから、南摩ダム計画では大芦川への〝戻し水〟を考えないということである。言い直せば、利水計画上、南摩ダムと東大芦川ダムは連携利用が前提となっている。

公団と栃木県は、この二つのダムが密接な連携関係にあることを県民・地元住民にわかりやすく説明する義務があり、また鹿沼市上水道の新規水源（表流水）が不要となった場合（東大芦川ダムの中止、豊水導入の縮小もしくは中止）、それが南摩ダムの利水計画にどのような影響をもたらすのか、明らかにする責任がある（水谷委員）。

②財政的な視点

栃木県は、財政力指数も、経常収支比率も悪化している。起債制限比率も全国ワースト四位であり、平成十一年度の地方債残高は九七〇三億七二〇〇万円と多額な借金を抱えている。栃木県の財政状況は悪化の道を辿っており、必要のないダムのために新たな借金を増やすべきではない（藤原委員）。

③その他

福田昭夫知事の「東大芦川ダムを見直す」という公約を、住民は「東大芦川ダム建設の中止」と受け止めている。西大芦地区住民の九〇％以上が東大芦川ダム建設に反対し、この素晴らしい大芦川を後世に残そうと頑張っている。またムダなダムは全人類及び全生態系のためにも造ってはならない。

地域住民は、ダム建設を断固阻止するため、水没予定地または周辺の重要土地を共有することに同志相集い、所有権を売買により共有物件とした。

総合判断としては「東大芦川ダム建設は中止するのが望ましい」。また、治水、利水に対し問題が起きそうな事態になれば、代替案等他を参考にして、具体的な対応について検討していただきたいと考える（斉藤委員）。

(6)おわりに

【A案】

「協議会」の議論は、目的を一つにした意見集約型の議論とはならなかったものの、大芦川流域の現状や課題について、学識経験者は専門的見地、地元関係者は地域におけるそれぞれの立場から数多くの意見や提案がなされた。

しかし、平成十五年三月を目処に意見の集約を図って欲しいとの知事の考え、数名の委員が辞任するなど不測の事態もあり、本流域における望ましい治水と利水の視点にたった計画規模の策定や技術的手法の検討及び環境、地域振興との関連等についての十分な議論までに至らなかった点もあるが、利水、環境、地域振興においてはおおむね意見の一致が見られた（傍点筆者）。

治水、利水、環境、地域振興それぞれについての意見は多様であり、資料等による検討が十分行なわれたといえない部分もあり、意見の集約には至らなかったものの、意見交換により問題点が浮き彫りになったことも事実であり、大芦川流域全体について水需要、治水、環境、地域振興等を総合的に見直す上で十分参考にしていただき、方針決定に伴って発生する様々な問題への具体的な対応について検討していただきたいと考える。

【B案】

……十分な議論までに至らなかった。（A案の傍点の部分が削除された以外はA案と同文＝筆者）

（協議会議事録より要約）

第四節　福田知事、東大芦川ダムの中止を決断

両論併記の答申書

第七回「協議会」終了後、午後、出席した福田昭夫知事に、鈴木勇二会長から「答申書」が手渡された。

答申は推進派、反対派の意見集約ができず、両論併記の形になったが、多数を占める反対派の主張が目立つ内容となった。特に意見が分かれたのは治水計画で、推進派は「ダム建設を前提として八十年に一回程度起こりうる降雨を想定（超過確率八〇分の一）した計画が妥当と主張したが、反対派は超過確率五〇分の一を採用することが妥当で「ダムなしで対応できる」と主張した。

治水機能を高める森林整備の必要性を訴える意見が大半を占めたが、推進派の一部は「洪水流出などに与える効果については科学的な定量評価が必要」と指摘した。

ダムの費用対効果については、データの信頼性が問題となった。

利水計画については「鹿沼市の人口予測は過大」「地下水調査を再度行なうべき」との意見でほぼ一致した。環境、地域振興については「十分な議論に至らなかったが、おおむね意見が一致」とした。七人の反対派委員は、これらを根拠として「東大芦川ダムの建設中止が望ましい」

との意見を答申に盛り込んだ（下野新聞・二〇〇三年五月二十六日付）。

この答申の特徴として、賛成、反対両派の意見を並べる形を取っているが、反対派委員の多さを反映し、随所に建設に慎重な考えをにじませている。たとえば、「ダム建設は自然の水循環システムを断ち切ることから『河川環境の保全』にとってマイナスである」「豊かで貴重な自然環境を壊してまでダム建設をする必要はない」などの意見を、委員名なしで載せ、この点について「おおむね意見の一致が見られた」と最終ページで総括した。

答申を受けた福田昭夫知事は、「早速読ませていただき検討したい」とし、週内にも県庁に副知事を座長とする「東大芦川ダム建設事業等検討委員会」（以下「検討委員会」という）を作り、ダム建設に踏み切るか中止するかを決めた後、今後開かれる予定の「栃木県公共事業再評価委員会」（以下「再評価委」という）に諮ることとなった。

「協議会」終了後、反対派委員七名は記者会見し、「福田昭夫知事は必ず『ダム中止』といってくれると確信している」と語った。

「ダムを中止する場合の代替案を検討して欲しい」という福田昭夫知事の指示を受けて、五月二十七日に、副知事を委員長とする「検討委員会」が発足し、六月六日に、第二回「検討委員会」が開かれた。七月下旬までに「検討委員会」の検討結果を知事に報告し、八月中に開かれる「再評価委」に諮った上で、同委員会の意見具申を受け、県は正式な方針を決定する（下野新聞・六月七日付）。建設中止の公算が高まったといえる（朝日新聞・六月七日付）。

六月十二日の下野新聞によれば、六月一日に、福田昭夫知事は、鹿沼市長と非公式に会談し、「ダムは必要ないと判断する」と事実上の中止方針を伝えていたことが分かった。これに対して鹿沼市長は、「市としてはあくまで推進の考えだ」と従来通りのダム推進の方針を強調したとのことだった。

費用対効果は〇・五七

六月十二日に、「協議会」委員の水谷正一宇都宮大学教授は、焦点となっていた治水分の費用対効果の再計算結果を、福田昭夫知事に報告した。それによると費用対効果は、県が示した一・四六を大きく下回って〇・五七となるとし、「公共事業をすべきでないという結果が出た」ことを明らかにした。水谷教授は「県の計算には数の取り扱い、考え方に誤りが多い」と県河川課の対応を批判した。

大芦川ダム建設に賛成の住民は、これまで目立った意思表示はしてこなかったが、「われわれはいままで温和しすぎた。動かなければだめだ」として、「東大芦地区大芦川取水対策協議会」を結成して、建設推進の動きを活発化させてきた（下野新聞・五月八日付）。

六月二十三日の県議会土木常任委員会は、現地を視察した後、「東大芦川ダム早期建設を求める」三件の請願・陳情を自民党の賛成多数で採択した。

副知事を委員長とする「検討委員会」は、七月十四日に、東大芦川ダムの建設を中止した場合の「代替案」をまとめた。「代替案」では、治水面について「段階的な河川改修で効率的、効果的な治水対策を進める」。利水面については「思川開発事業で県水として確保している毎秒〇・八二一トンのうち、毎秒〇・二トンを代替水源として利用できる」。不特定用水は「南摩ダムから大芦川への戻し水で確保できるよう、国に要請していく」と明記した（下野新聞・七月十五日付）。

七月十七日に、荒井川流域の住民に対して公団の説明会があった。大谷川取水の中止、行川ダムの中止により思川開発事業の規模は縮小された。南摩川は水がほとんど無い小川のため、黒川に取水口を設けて黒川の水を取水し、黒川導水路で三キロ離れた大芦川に送り、さらに大芦川の取水口で大芦川の水を取水して、大芦川導水路で六キロ離れた南摩川に送り、南摩川に建設が予定されている南摩ダムに貯水するという計画だが、黒川と大芦川の中間地点にある荒井川を横切ることになる。公団の説明は、導水管が横切ることの影響についてである。

住民側は、「何処を導水管が通るのか」「地下水が涸れる心配はないのか」という質問をしたが、公団は、「調査中でいまはいえない段階だ」「水が涸れないように研究調査する」と繰り返すだけだった（「流域の会」会員・田原桂子・会報三七号より）。

ダム建設に反対する「流域の会」などの一二団体は、七月二十三日に、「東大芦川ダム建設計画の中止を求める要望書」を福田昭夫知事に提出した。「要望書」は、「人口が減少し、水需要が下方修正されるので、地下水源の再調査、農業用水の一時転用、雨水利用の促進、漏水対策の推進などで、将来の需要増に対応できる。東大芦川ダムの『費用対効果』は〇・五七で、一よりはるかに小さく、経済的に成り立たない。源流域の環境こそ守らなければならない。以上、利水、治水、環境いずれの面から見てもこのダムは必要性が無く、代替措置で十分対応できると考える。福田昭夫知事には、このダムの建設中止を決断していただきたいと要望する」というものである。

「再評価委員会」も建設中止を妥当と判断

「再評価委」は、二〇〇三年八月七日に、「検討委員会」の「代替案」について審議するため開かれた。「再評価委」は、事業の見直しをするといういわゆる「時のアセス」で、知事が大学教授ら七人を委員に委嘱したが、委員を選んだのはダム推進の渡辺文雄前知事であった。

前回（一九九八年十二月二十五日）の「再評価委」では、「東大芦川ダム建設事業を審議した結果、生態系に配慮した計画・設計・工事をすることを条件に、県の対応方針（案）を了承する」としたが、二時間の会議時間の間に、①土木部長挨拶、②評価委員及び栃木県執行部の紹介、③評価委員会の概要説明、④委員長の選出、⑤委員会運営要領の制定、⑥ダム建設事業等に関する再評価項目についての審議資料の説明等と盛り沢山であり、その後の僅かな時間でのおざなりの質疑で「県の対応方針（案）を了承」という結論を出している。県作成の資料はダムの概要や効用などが紹介されているだけで、反対意見などはまったく載っていない。本来ならば、再評価にあたっては現地調査をすべきであるが、現地も見ず、関係者の意見も聞かず、ただ一回の審議で結論を出している。とても適正な「時のアセス」と呼べるものではなかった。

「流域の会」では、一九九九（平成十一）年一月二十七日と四月十二日の二回、「公共事業評価に関する公開質問書（東大芦川ダムに関して）」を「再評価委」に提出したが、四月二十三日の回答で、「委員会における審議の内容及び結果に至った経緯については、公開された議事録の通りでありますので、それらの資料及び議事録をご覧下さい」とのことで、「流域の会」が提起した四項目の質問には誠意を持って答えようとしていない。このことをもってしても、「再評価委」にはまったく期待できない。その後開かれた二回の「再評価委」でも、審議をした七二事業について検討した結果はすべて「継続」で、見直しを主張する意見はほとんど無かったという（朝日新聞・三月三十日付）。

東大芦川ダム建設中止問題を審議した八月七日の「再評価委」でも、「県議会が推進の陳情を採択した重要な問題なので、県民の納得いく結論を出したい」とのことで、県に資料等の再提出を要望し、結論を保留し、次回に持ち越した（会報三五号より）。

八月二十日に『大芦川緑のダム宣言～かけがえのない山川を守るために～』（随想舎）というブックレットが刊行された。「ニッコウイワナが川を泳ぎ、クマタカが空を舞い、ヤマネが棲む山。関東屈指の清流大芦川は守られた。建設計画を中止に追い込んだ地域住民の熱い思いと、動植物の宝庫大芦川の豊かな自然をビジュアルに紹介、合わせてダム建設の矛盾を鋭く論説したブックレット」である。

福田昭夫知事は、八月二十五日の定例記者会見で、県議会から批判が相次いでいる東大芦川ダム建設の「代替案」について、「鹿沼市民九万人の要望がかなうもので、こんな素晴らしい『代替案』はない」と改めて自信を示した。ダム建設の中止方針については、自民党議員会が反発。中止を容認する県民ネット二一も、「代替案」については「漠然とした内容で県民は納得できない」と批判している。議会側との対立が予想される九月定例県議会の対応については、「理論的根拠は明らか。さらに詳しい説明をすることで必ず理解を得られる」との見通しを述べた（下野新聞・八月二十六日付）。

九月六日には、市民ネットワーク千葉県の県議二名（吉川洋、大野博美）、東京都議大河原雅子（現民主党参議院議員）が南摩ダムと東大芦川ダムの現地視察を行ない、「流域の会」と交流した。

東大芦川ダムの見直しの再々審議をする「再評価委」は、九月九日に開催された。「検討委員会」から示された「代替案」によると、代替費用は二一〇億円で、内訳は、河川改修七〇億円、鹿沼市水道用水四三億円、不特定用水五〇億円、すでにダム建設に投資した費用が三三億円、用地再取得費などが五億円で、県がこれまでに費やした国庫補助金約一七億円は返還する必要が無いことが分かった。審議は三時間に及び、委員からは、鹿沼の水需要などについて質問が続出したが、「『代替案』について県民の理解を得る努力をすること、実現に責任を持つこと」という付帯意見が付けられて、「東大芦川ダムの建設を中止することが妥当」と判断し、全員一致で了承した（下野新聞・九月十日付）。

これを受けて、九月十一日の定例記者会見で、福田昭夫知事が、東大芦川ダムの中止を決断したことを正式に発表した。九月二十九日に開かれた県議会土木常任委員会に出席した福田昭夫知事は、東大芦川ダムの建設中止の決定について、経緯や「代替案」の概要を説明し理解を求めたが、知事の決定手法への反発やダム建設推進を求める意見が続出し、激しい議論が交わされた（毎日新聞・下野新聞・九月三十日付）。

ダムの撤退、相次ぐ

国土交通省は、十一月二十日に、栃木県栗山村に建設中の湯西川ダムの基本計画を発表した。計画変更では、利水参画量の減少によりダム規模を縮小する一方、水没関係者への用地費や補償費の追加その他の増額により、約八八〇億円としていた当初事業費を約一八四〇億円と倍増した。「小さく産んで大きく育てる」事業だ。下流都県の水余りによる規模縮小である（下野新聞・十一月二十一日付）。

十二月三日の群馬県議会で、群馬県知事は、国の補助を受けて建設中の「倉渕ダム」について、「当面の間、本体工事の着手を見合わせる」と述べ、計画を凍結する方針を明らかにした。財政難と水需要の低下を理由に挙げた（下野新聞・十二月五日付）。県営ダムの凍結である。

十二月の埼玉県議会で、埼玉県知事は、水資源機構が利根川上流に建設中の「戸倉ダム」（群馬県）について、「県の水需給計画を見直した結果、撤退すると判断した。近く国に伝えたい」と述べ、撤退を正式に表明した。東京都も、同日、水需要予測などを基に建設事業から撤退する方針を固めた（下野新聞・十二月九日付）。「一度始まった公共事業は止まらない」といわれてきたが、建設中のダムが、水余りで中止になった。特に、水資源機構のダムが中止になったことは、同じ水資源機構の事業である「思川開発事業（南摩ダム）」の中止の可能性につながるものである。

二〇〇四（平成十六）年一月二十二日に、「流域の会」代表である筆者が、居住する千葉県で、思川開発事業（南摩ダム）に関する住民監査請求を提起した。

千葉県は、南摩ダム建設に関して、四五九億円（治水分四〇八億円、利水分五一億円）を負担する。さらに水源地域対策基金、水特法による事業等への拠出金が予定されている。地方自治法の規定に基づいて必要な措置を請求したものであり、この経緯については第三章に記述する。

福田昭夫知事は、新年度予算案に、ダム建設中止に伴う費用を計上したが、ダム建設を推進してきた自民党議員会は、「鹿沼市長や鹿沼市議会が中止に同意しないうちは予算は執行させられない」と執行凍結を求める姿勢を示していた。これに対して、二月三日の県議会の代表質問で、「私と鹿沼市長の間でしっかりと意見の合意に達している」と答弁したが、四日の一般質問で、鹿沼市との協議の状況を「代替案の内容について詳しい説明を求められているところ」と説明し、「事業の推進にあたっては、鹿沼市民の理解をいただくことが大変重要」として、同意を得るまでは執行しない考えを示した。ところが、三日と四日の知事の答弁が整合性を欠くと県議会から批判され、五日の一般質問で、「誤解を招いたことに対してお詫びしたい」と陳謝した（下野新聞・四月五日、六日付）。

二月七日には、荒井川流域（大佐部沢、小佐部沢）の現地調査を行なった。「流域の会」会員、南摩、板荷、西大芦などの住民運動の人達が集まったが、地元からの参加者は二人だけだった。小佐部沢、大佐部沢に入って流れを見たり、宮ケ瀬ダムの導水管による被害の話を聞いた。山の中に青いテントが見られたが、ボーリング調査を実施しているようだった。

思川開発事業に関する要望書

二〇〇四年二月十日には、「流域の会」は、栃木県知事、国土交通大臣、水資源機構理事長に、「思川開発事業に関する要望書」を提出した。

二月二十二日の「黒川の水を守る会」総会の終了後、講演会を行なった。講師の小室敬二・神奈川県津久井町元町議は「導水管を通せば必ず井戸涸れが起こる」というテーマで、神奈川県の宮が瀬ダムの導水管工事による井戸涸れの実情について語った。導水管工事で井戸水が涸れたので簡易水道を整備することになったが、水道料金が二五％も高くなり、町の借金も増えたとのことだった。

二月二十七日に、栃木県知事からの回答が届いた。

三月二十七日には、「このままつくっていいの？　南摩ダム」というテーマで、講師に嶋津暉之（水問題研究家）を迎えて講演会を開催した。講演要旨は以下の通りである。

「南摩ダムの場合、ダム地点での流域面積は一二・四平方キロであり、乙女地点での流域面積の一・六％に過ぎない。しかも、渡良瀬遊水池で洪水流量はゼロになるのだから、南摩ダムの治水は利根川下流には何の関係もない」「南摩ダムは水の貯まらないダムで、水収支が成り立たないダムである」（会報三八号より）。

三月二十九日に、国土交通省と水資源機構より、回答が届いた。回答によれば、便益の合計は一六五四億円、費用の合計は一二五九億円で、費用対効果は一・三一だとのことであった。

国土交通省は、三月三十日、二〇〇四年度予算に向けて、五年間未着工の事業など計二五〇九事業を対象に再評価し、補助事業の県営東大芦川ダム建設事業を中止したと発表した。これまで費やされた事業費三二億円のうち一七億円が国庫補助金として投入されていた。ダム事業中止を発表していた福田知事は、大芦川の河川改修費一億四五〇〇万円を新年度予算案に盛り込んだが、県議会土木委員会は、二月議会で、鹿沼市や地元住民が中止に合意していないとして、執行を保留する付帯決議をしている（下野新聞・三月三十一日付）。

南摩ダム建設差し止めで住民訴訟

思川開発事業（南摩ダム）、八ッ場ダム、渡良瀬遊水池、霞ヶ浦導水事業など、首都圏のダムの建設事業について、各地で反対運動が盛り上がっていたが、二〇〇四（平成十六）年三月一日に、「首都圏のダム問題を考える市民と議員の会」（代表・藤原信）に対して、「全国市民オンブズマン」より、「八ッ場ダムの建設費差し止めについて一緒に行動しよう」という申し入れがあり、事務局間で話し合いの結果、七月二十五日に「八ッ場ダムをストップさせる市民連絡会」（代表・嶋津暉之。以下「市民連絡会」という）を結成し、九月十日に、一都五県で、一斉に住民監査請求を提起することになった（栃木県の住民訴訟は、第四章第三節に記述する）。

十月七日に、鹿沼市の渡辺助役が県庁を訪れ、県の土木部長に、県から提示を受けた東大芦川ダムの「代替案」を受け入れることを口頭で伝えた。鹿沼市の同意を受けて、凍結されていた「代替案」の新年度の予算の執行が可能となった。

二期目の栃木県知事選挙の告示を控えた福田昭夫知事は、十月二十五日に、鹿沼市で、中止した東大芦川ダムの「代替案」について、ダム推進の一三団体を対象とした説明会を開催したが、県のこれまでの対応を巡り出席拒否を決めていた推進九団体のほか、三団体の代表も姿を見せず、一団体のみが説明会に出席した。福田昭夫知事は建設中止後の経緯を説明し、「市から正式に『代替案』を受け入れる旨の回答をもらった。地元の理解をいただきながら誠意をもって取り組んでいく」と挨拶し、「代替案」の内容について説明した。出席した「住みよい西大芦を創る会」代表が、「何故この時期なのか。選挙前だから知事が出てくるのかと感じてしまう」と発言した（下野新聞・十月二十六日付）。説明会には、鹿沼市長も助役も姿を見せなかったので、福田昭夫知事は市長との認識の溝を埋めるため、急遽、市役所へ乗り込み、直談判に及んだが、会談後も両者の溝は埋まらなかった（毎日新聞・十月二十六日付）。

福田昭夫知事はさらに、十月二十九日に、「代替案」について、地元の二一ある自治会長などに向けた説明会を鹿沼市で開いたが、自治会からは、西大芦地区の八自治会長ら住民八〇人が出席したものの、一三自治会長が欠席し、鹿沼市も市長はじめ市の担当者も欠席した。住民から「ダム中止の決定が覆ることはないのか」との質問が出されると、福田昭夫知事は、「国土交通省も官報に中止を告示しており、決定が覆ることはない」と断言した（毎日新聞・十月三十日付）。

第五節　思川開発事業（南摩ダム）反対運動は続く

福田知事、反対派の巻き返しで再選ならず

二〇〇四年十一月二十八日に行なわれた知事選で、福田昭夫知事が、約一〇万票の差で、再選できなかった。この結果、思川開発事業（南摩ダム）の中止の動きが足踏みをすることになった。十二月十六日に、新知事と鹿沼市長は鹿沼市役所で会談し、東大芦川ダム建設計画の中止に伴う「代替案」に合意した。福田昭夫前知事と鹿沼市長の対立で膠着状態になっていた「代替案」は、新知事の手で、解決に向けて動き出した。合意に至った「代替案」は、前知事時代とまったく同じ内容だ。にもかかわらず、知事交代とほぼ同時に進展したことは、問題の本質がトップ同士の対立そのものにあったことを改めてうかがわせた。県政の最重要課題の一つが、政治家トップ間の感情のもつれで、解決できなくなるという構図を図らずも露呈した（下野新聞・十二月十七日付）。

「代替案」関連の計一億四五〇〇万円の予算は、三月の県議会土木委員会で、「鹿沼市及び地元住民との調整が図られるまで執行を保留すること」という付帯決議案を可決していたため、県は執行を見合わせていた。しかし、十二月二十日に開かれた土木委員会で、県は、中止に伴う「代替案」の治水と利水について鹿沼市と合意したことを報告し、これを受けて委員会は「代

替案」の予算を執行するよう、県に求めた。土木部長は「早急に予算を執行していく」と述べ（毎日新聞・十二月二十一日付）、事業が動き出した。

二十日に内示された二〇〇五年度予算の財務省原案で、思川開発事業に六八億一〇〇〇万円（うち国費四三億五六〇〇万円）が計上されたことが分かった（下野新聞・十二月二十一日付）。

二〇〇五（平成十七）年二月十日に、鹿沼市上南摩町及び西沢町が、水源地域に指定され、栃木県は、三月十七日に、南摩ダムに係る整備事業として、「利根川水系南摩ダムに係る水源地域整備計画」を決定した。

下野新聞（三月十八日付）によれば「国土交通省は、三月十七日に、思川開発事業の南摩ダム建設に伴う水源地域対策特別措置法（水特法）に基づく水源地域整備計画を決定した。鹿沼市の要望を基に県が申請した道路整備や施設整備など二二事業で、総経費は約一四三億円で、二〇一〇年度を目処にダム建設事業が進む中、水没地域周辺の整備がようやく始動することになる」とのことである。

六月十一日、十二日に、久留米市で開催された「第二十一回水郷水都全国会議」に出席した「流域の会」の塚崎庸子会員は、第七分科会の「公共事業〝新〟時代〜ダム・水道を考える」において、「水が貯まらず、貯めても利用されない南摩ダムはムダなダム」と題し、思川開発事業について報告した（会報第四四号より）。

七月三十一日には、日本野鳥の会栃木県支部の協力を得て、「流域の会」主催で、南摩ダム建設予定地で自然観察会を行なった。そこで見たものは、飼い主に置き去りにされた何十匹もの猫で、動物福祉協会のメンバーや獣医師が定期的に面倒を見に来ている、という事実が明らかになった。ダム建設の及ぼす思いがけない影響である（会報第四四号より）。日本動物福祉協会栃木支部の川崎亜希子支部長は『思川通信』に記事を寄せ、問題点を指摘している。

十月二十二日に、小山市で開かれた「思川の自然、水問題」をテーマにした講演会で、「流域の会」の伊藤武晴事務局長が講演をし、南摩ダムに小山市が負担金約二五億円を拠出しようとしていることについて、「小山市の水道利用者は約一二万人。市はすでに一五万人分の水源を確保しており、人口減少の時代に新たな水源は必要ない」と市の水道計画を批判した、（下野新聞・十月二十三日付）。

ダム計画中止で顕彰の碑「清流」を建立

九月十一日の衆議院選挙で、栃木二区の民主党公認候補として立候補した福田昭夫前知事は、選挙区では落選したものの、北関東比例区で復活当選した。

福田昭夫議員は、早速、十月二十六日の衆議院決算行政委員会で、ダム問題について質問をしている。福田昭夫議員は、「ムダなダムをストップさせる栃木の会」が提訴した住民訴訟では、当時、栃木県知事であったので、被告とされたが、今市市長時代から、大谷川取水の中止と、思川開発事業の見直しを主張していたし、知事時代も、下流三県の知事に「思川開発事業の見直し」について働きかけをし、住民訴訟では原告側からの依頼に応えて「陳述書」を提出するなど、いまは、「流域の会」の運動に協力している。

東大芦川ダム建設反対運動を展開してきた地元有志が「ダム計画中止顕彰の碑」を建立し、十一月三日には、鹿沼市草久のダム予定地近くの民地で除幕式が行なわれ、地元住民や漁協関係者ら約一〇〇人が参加した。参加者には、中止を決めた前知事の福田昭夫衆議院議員、大芦川流域検討協議会委員だった藤原信宇都宮大学名誉教授、漁協と親交のある作曲家船村徹さんらが来賓として出席した。碑は建設にむけて元反対既成同盟のメンバーや大芦川清流を守る会の有志を中心に、四月に「ダム中止記念碑建設委員会」（石原政男代表世話人）を結成し、協賛者を募り準備してきた。高さ約二メートル、幅一・二メートルの碑の表には中止に至った経緯や「この自然を破壊することなく後世に渡せたことは唯感無量」などとする、石原代表の碑文が刻み込まれている。上部には福田議員自筆の「清流」の文字、裏面には協賛者四七人の名が記されている。台座の御影石は地元地主から寄付された。除幕式では、石原代表が「古里を愛してやまぬ新たな象徴」、福田議員も「イワナ、ヤマメがはねる清流が永久に守られることを祈念したい」と挨拶。全員で万歳三唱をして建立を祝った（下野新聞・十一月四日付）。

〈東大芦川ダム中止顕彰の碑文〉

関東屈指の清流と豊かな自然に恵まれたこの地域は、古来村人から東沢と呼称され、医術や村政にて村人のために尽くす等、心美しき多くの先人を輩出した地区として尊敬されていた。

明治から昭和初期にかけては村を代表する養蚕の産地であり他方、林業においては二宮尊徳翁をはじめ栃木県林業技士・新野次郎を師と仰ぎ植林に精魂を傾け、村人の信望厚く村の誇りとして昔から語り継がれた地域であった。

時に昭和四十八年、栃木県土木部は此処東沢に東大芦川の名を付し、ダム建設を計画した。地域住民の衝撃は大きく、言葉として言い表せるものではなかった。しかし、伝えられるところによれば、東京都の水不足解消のための思川開発事業南摩ダム造成の補完ダムと聞き、純粋な先人は同胞と共に生きるためならば、と悲しみの中にも何の反対もせず静かにこの世を去って行った。

時は流れ世は平成に入り、水に目安をつけた東京都は思川開発事業より撤退していった。この時点において、ダム計画は見直しされるものと期待されたが、平成五年鹿沼市の水道水として栃木県との間に協定が結ばれ、平成八年鹿沼市は空虚の第五次拡張計画を立て、ダム推進の構図が整いつつあった。

この推移を静かに見つめていた西大芦漁業協同組合の男たちは「ダムありき」のみの計画に不信を抱き、二年にわたる利水治水環境等厳正な精査検討と再度の世論調査を踏まえ、利権のみのダム計画と断定し、平成十一年三月総代会に於いてダム建設反対を議決した。まさに郷土を愛する山の男たちの断乎たる決意の結集であった。これに呼応した村の中堅層はこの年十一月、大芦川清流を守る会を結成、ダム建設に反対する気運は日ごとに高まり、翌平成十二年十一月、働き盛りの竹澤正之自治会協議会長を陣頭に東大芦川ダム建設反対期成同盟を結成、地域の総力を上げてダム建設阻止に立ち向かい、立木トラスト・土地トラスト運動も宇都宮大学名誉教授藤原信の助言をうけ、大貫林治、大貫孝太郎、我妻吉之丞、高村春三郎の資材の提供を受け、県内外に及ぶ参加者を募るに至った。思川開発を考える流域の会、野鳥の会の応援も大きな力となった。

平成十二年十一月、思川開発事業見直しを掲げた今市市長福田昭夫が栃木県知事選挙に立候補、八百七十五票の僅差にして当選、このことを我らまさに天命として厳粛に受け止めるに至った。そして知事は七回に及ぶ大芦川流域検討協議会を開催し、平成十五年七月三十一日、東大芦川ダム建設計画の中止を正式に発表、過去三十有余年社会不安と混乱を招いたダム計画は幕を引いたのであった。

それはまさしく、一糸乱れず信ずる道を貫き徹した同志達は言うに及ばず、それらの者を言葉少なく、ひたむきに陰で支えてくれた母方、妻方の長年の労苦が実を結んだ瞬間でもあった。それにしても「ダムありき」で進められた本事業とは一体何であったのか、今後久しきに亘り流域の歴史が確と示してくれることであろう。

今この地にたたずみて、悲喜こもごもの日々を振り返るとき、報道関係者をはじめ、名も知らぬ数々のみなさまにお世話になり、この自然を破壊することなく後世に渡せたことは唯感無量にして加うるに言葉なし。

そこでわれら有志一同は、培った感謝と報徳の心をこめ、郷土の安泰を念じつつ、この地に顕彰の碑、清流を建立するものなり。

平成十七年十一月

西大芦漁業協同組合代表理事組合長　石原政男撰文

新たなるたたかいに向けて

大谷川取水が中止となってから五年を経た二〇〇五年十一月二十日に、今市市の「思川開発大谷川取水反対期成同盟」は解散式を行なった。期成同盟結成から四十年目である。思川開発計画発表の翌年の一九六五年、今市市は反対期成同盟を組織し、陳情や意見書提出を重ね、全市的な運動を続けてきた。五年前、ダム見直しを掲げた当時の福田昭夫今市市長（現衆議院議員）が知事に就任後、国、公団は、大谷川からの取水を取りやめ、ダムの規模を縮小したが、反対期成同盟は「最終的な結論が出てから解散する」として存続していた。約七〇人が出席した評議員会は、「異議なし」の声と拍手で解散を決定した（下野新聞・十一月二十一日付）。

解散式の開会前、一悶着があった。今市市長、栃木県知事時代に、大谷川取水中止に力を注いだ福田昭夫衆議院議員を、評議員でないからと会場外に待たせ、来賓として呼んでいないからと挨拶もさせなかった（下野新聞・十一月二十一日付）。現今市市長が県庁ＯＢで、福田昭夫議員の政敵だからといっても、「思川開発大谷川取水反対期成同盟」は住民団体であり、市の組織でもない。

「流域の会」は、「今市の水を考える会」とともに、大谷川取水の中止を求める「反対期成同盟」と協力して同志的な運動をしてきたが、人の道を心得ない、単なる個人的利害者集団の運動を見抜けなかったことを、「流域の会」代表だった筆者は恥じる。

二〇〇六（平成十八）年一月七日には、南摩川建設予定地で、第二回自然観察会を行なった。午後から行なわれた定例会は一〇〇回を迎えた。月一回の定例会も八年余となるが、この間に、大谷川取水の中止、行川ダム建設の中止、東大芦川ダム計画の撤回などを勝ち取った。

しかし、思川開発計画は半身不随となりながらも、大芦川と黒川から取水して貯水する南摩ダムの建設計画は続いている。十二月二十日に内示された二〇〇六年度予算の財務省原案によれば、思川開発計画に七九億二〇〇〇万円（うち国費は五〇億六七〇〇万円）が計上され、環境調査費や水利・地質調査などが盛り込まれているという。更なるたたかいに向けて頑張らなくてはならない。

一〇〇回定例会を一区切りとして、筆者は、「流域の会」の代表を辞任することにした。一月十六日に、代表としての最後の仕事として、「地盤沈下対策に関する公開質問書」を栃木県知事に提出した。知事からは、二月十四日に回答書が届いた。

公開質問書に対する回答書の内容は県が従来からいっていることと同じであり、地下水からダム水に転換することによって地盤沈下をどれだけ防止できるのか、今回も県は、その根拠を具体的な数値で示すことはできなかった。また、地盤沈下による具体的な被害については、今回も、報告がなかったことを明言している。地下水の過剰な汲み上げは避けなければならないが、涵養力に見合った適切な量であれば、利用し続けることができることは他県の例を見ても明らかである（会報第四七号より）。

鹿沼市は、六月六日、東大芦川ダム建設事業中止に伴い、水道水を確保するため、思川開発事業（南摩ダム）に参画することを決めた。市と県で交わした「東大芦川ダム建設事業の中止に伴う対応に関わる合意書」によると、市水道の代替水源については、思川開発事業で県が確保している水道用水、毎秒〇・八二一立方メートルのうち、鹿沼市が東大芦川ダムから取水を予定していた毎秒〇・二立方メートル分を振り替える。思川開発事業の建設に係る市の負担金については、東大芦川ダム建設事業で予定していた一五億八一〇〇万円を負担する。これを超えた場合は県が負担することになった（下野新聞・六月七日付）。

鹿沼市は地下水が豊富である。過大な人口予測が破綻したので、水は不足しない。市水道の代替水源は不要である。にも関わらず、思川開発事業を継続するために、このような合意を交わしている。「南摩ダムからの水はいらない」「思川開発計画は中止する」という鹿沼市長の出現を待つのみである。

栃木県が策定を進めていた思川圏域河川整備計画の原案が、十月二十日に開かれた「栃木県河川整備計画懇談会」の初会合で示された。治水・利水面の改善を図るほか、可能な限り河道の形状を変えず瀬や淵などを残すよう環境面に配慮した整備が特徴である。懇談会のほか、関係市町村や住民の意見を聴取するなどして、年度内の計画決定を目指す。

東大芦川ダムは、二〇〇三年九月に当時の福田昭夫知事が建設中止を決断した。建設推進の立場を取っていた鹿沼市との一年余りの協議の結果、大芦川流域の治水工事工期を二十五年から二十年に短縮するなどの「代替案」で合意し協定を結んだ。同整備計画は協定を踏まえ策定したもので、大芦川のほか、思川、黒川、武子川など二三河川、総延長三六三キロを対象区間とし、工事実施については六河川・総延長一〇七キロを予定している。計画期間は、協定と同じ二十年とした。計画によると、治水面では過去の洪水を踏まえ、大芦川は二〇〇一年八月の洪水と同等の流水に対応できるよう改善する。具体的には鹿沼市の引田橋下流から思川合流地点までの一三キロ区間で河床掘削や護岸工事などを行なう。利水面では、農業用水などで関係機関と連携し、適正に利用するとしている。環境面では、現状の瀬や淵を可能な限り残し、貴重な動植物を守るため、水際や河川敷の植生に配慮した整備を行なう。また地域住民と協力し、河川区域のゴミを減量し、美化に努めるという（下野新聞・十月二十一日付）。

十一月十七日に開かれた「再評価委」で、「大芦川広域基幹河川改修事業」について承認された。当初、ダムによる治水対策が見込まれていたが、二〇〇三年九月に中止が決定して「代替案」として、今回の計画が策定された（下野新聞・十一月十九日付）。

　東大芦川ダムの反対運動は、栃木県のダム問題への対応に大きな影響を与えたと思う。栃木県庁の担当者にも、委員会に参加する学識経験者にも、環境問題を考慮する姿勢が出てきたものと思う。計画が縮小された思川開発計画は、あと一押しで中止に追い込めるところまで来た。これからも、栃木県や鹿沼市に、思川開発事業の中止を求める陳情や要望をしていかなくてはならない。

第六節　国土交通省の有識者会議

河川整備計画の策定について

首都圏の治水、利水、河川環境に大きな影響を与える利根川水系河川整備計画を策定する上で、意見を聞くための有識者会議が、二〇〇六年十二月四日、都内で開かれた。有識者会議の委員はすべて国土交通省の人選で、上流のダム反対運動を展開している市民団体からの推薦は受け付けなかった。市民団体を議論から事実上閉め出したことについて、マスコミ選出の委員から、「改正河川法の趣旨にそぐわない」「小委員会など何らかの形で市民団体を議論に加えるべきだ」などの声が相次いだ。これに対し、「関東地建」の河崎和明河川部長は「住民の意見は公聴会と縦覧、インターネット上で聞く。このやり方は当面変えるつもりはない。できるだけ早期に計画を策定したい」と話している（下野新聞・十二月五日付）。有識者会議での発言も、官僚には「馬耳東風」と聞き流された。

八ッ場ダムについても、有識者会議、公聴会などの手続きを型どおりやっただけで、最後は官僚に押し切られた。

大谷川取水の中止、東大芦川ダムの中止を勝ち取った手法を考えると、栃木県知事選、鹿沼市長選を戦いの場と考える必要がある。

思川開発事業は、川の流れを迂回させる転流工の工事に入ることになり、二〇〇八年度予算として一二二億円（うち国費六三億五七〇〇万円）が計上された。用地補償に遅れが生じているので、工期は五年延びて二〇一五年度末となったが、コスト削減に取り組んだ結果、当初予定の総事業費一八五〇億円に変更はないという（下野新聞・十二月二十一日付）。

二〇〇八年二月十八日に、東大芦川ダム建設推進派の西大芦地区自治会協議会は、自治会長ら一二名で県庁を訪れ、県の東大芦川ダム建設中止に伴う同地区の「ふるさと再生プラン」について、栃木県知事に要望書を提出した。同会は、①県道「鹿沼〜日光線」の狭い道路個所への待機所設置、②林道「都沢線」の県道認定と拡幅改良、③ダム廃止地区の清流を守るための浄化槽の公費設置、の三点を要望した（下野新聞・二月十九日付）。

利根川水系の河川整備計画策定についての有識者会議の合同会議が、五月二十三日に開かれた。「関東地建」は、南摩ダム等の利根川上流ダム群整備の必要性を強調した。市民団体などの、「ダムに頼らず、堤防強化や川の浚渫を急ぐべきだ」と言う意見に、同局は、「これまでの実績から今後三十年間で必要な量の三分の一程度しか河道掘削できない」と反論した（下野新聞・五月二十四日付）。

鹿沼市長に南摩ダム見直しの新市長が誕生した

二〇〇八年五月二十五日に行なわれた鹿沼市長選挙で、南摩ダム反対運動をしている市民団体の推薦を受け、「南摩ダムの水の不使用宣言」をした佐藤信県会議員（民主党）が、新市長に当選した。思川開発事業反対の運動に、一筋の光明が見えるようになった。

「流域の会」では、三月七日に、南摩ダムの現地調査を行ない、次のようにレポートしている。

ダムサイトの脆い岩盤に危惧を感じた。辺り一面の樹木は伐採され、山肌は裸地となっていた。むき出しの断面を横に走る暗灰色の岩盤に触ってみると、砕けてぼろぼろとこぼれ落ちる。近くからは水も染みだしている。左岸のこの地質は、ダムで貯水された時にしっかりと山を支えきれるものなのだろうか。水が抜けていかないだろうか。地滑りの心配はないのだろうか。ずいぶん脆い岩盤のように感じた。ここは今回、木が伐採されたことで初めて地肌が現れた場所なので、今後注目していく必要がある（塚崎庸子・会報第六〇号より）。

四月二十五日には、ヤマナシのお花見会と南摩の自然を訪ねる観察会を行なった。参加者はこう報告している。

建設予定地は、ダムのための地質調査が行なわれた横穴があり、そこから掘り出された地層の標本が土饅頭のようにいくつも並べられていて、厳しい現実に引き戻された。三月のダムサイト近辺の調査の時と同様、今回も脆い地質が多いように思われた。ダムに水が入ったらこのような地層は地滑りや地震を引き起こすのではないかとの疑念がぬぐえなかった（葛谷理子・会報第六一号より）。

思川流域の「小倉堰」について

八月二十三日に、「水環境条例制定ネットワーク」と「石けんネットワーク栃木」ほか主催の「小倉堰で水辺の生き物観察会」があった。「流域の会」のメンバーも参加した。

――「関東三堰」の一つとして名高い、思川の「小倉堰」は、大芦川、荒井川、南摩川、粟野川、粕尾川が合流して思川（昭和四十年以前は小倉川）となって下りはじめた場所にある。今から約四百年も昔（一六〇三年～）に、当時の西方城主・藤田能登守によって築かれたとされている。現在の場所から約七〇メートルほど下流の場所に、川の中に杭を打ち、そこに竹で編んだ籠の中に石を詰め（蛇篭）て川を堰き止め、農業用水や生活用水として用いた、といわれている。一七九一年には石の堰となり、堰堤幅約九メートル、堰高約二メートル、堰長約一二八メートルと、現在とほとんど変わらない規模となったようだ。現在の姿の「小倉堰」として完成したのは一九五四年という。それぞれの時代の土木技術を駆使して堰を作り、清流から取水した豊かな水で育てられた米が江戸まで届けられたという。堰の右岸には、堰の安全を祈願する水神社が、初期の頃から祀られ、堰の歴史を見守り続けている――（会報第六一号より）。

『思川通信』第六二号に、「流域の会」の塚崎庸子会員が「水紀行」を寄せてくれている。その一部を抜粋して以下に記載する。

「この堰は江戸時代前に造られていて、村がこの水の管理権を握っていたそうです。今までに何回も改修されているのは、流域の田を潤す大きな役目を担っていたのでしょう。傍らに水神社がありました。祭神はミズハメノミコトで誕生の地は奈良の吉野です。その鳥居の寄進碑（明治二十二年建立）に東京本所や深川の材木問屋の名が沢山刻まれているのも、筏に組んで川に流した水運の歴史があったからだと、町のボランティアの方が解説してくれました。自然エネルギーを巧みに利用したこの方法は、かなりの材木を運べますから、東京にはずいぶん運ばれていったことでしょう。堰を壊さず、材木を流失させず、水の安泰への祈りは相当に強いものがあったと想像できます」。

思川の下流に、四百年前からの堰が健在していると言うことは、思川には洪水被害がなかったことを物語っている。上流に治水のためのダムなど必要ないのは明らかである。

石原政男組合長が見つけてきた資料にも、西大芦地区は、明治三十五年の大水害以前は、それ程大きな洪水がなかったようで、むしろ、水が足りなくて苦労したようである。

資料によれば、二宮尊徳翁の「報徳仕法」により造られた「二宮堰」は、神船神社前の大芦川の水を、上・下大久保部落の水田に水を注ぐ堰で、「村の最重要なる用水である」とのことである。

東大芦川ダムがなくても、思川流域は、治水上も利水上も全く問題はない。

第3章 思川開発事業の訴訟

第一節　首都圏のダム問題を考える市民と議員の会

八ッ場ダムへの取り組み

二〇〇一（平成十三）年に、水源開発問題全国連絡会（以下「水源連」という）共同代表の嶋津暉之・遠藤保男の呼びかけで、「八ッ場ダム問題を考える地方議員・市民の会」（仮称）が立ち上がった。筆者も「八ッ場ダムを考える会」の世話人として、飯塚忠志事務局長とともに十二月三日の第二回設立準備会から参加した。いまでは「八ッ場」をほとんどの人が〈やんば〉と読むが、当初は〈やつば〉という人が多かった。

第二回設立準備会の事務局会議で、運動の対象を八ッ場ダムだけにするのか、あるいは思川開発事業（栃木県）、渡良瀬遊水池（栃木県、群馬県、埼玉県、茨城県）、霞ヶ浦導水事業（茨城県）なども含めるのか等が検討され、呼びかけの対象を首都圏のダム問題に関わっている団体・個人とし、名称を「首都圏のダム問題を考える市民と議員の会」（以下「市民と議員の会」という）とすることになった。

「市民と議員の会」の事務局会議で、八ッ場ダムは不要であり、「必要性のない事業の費用負担は違法」という住民監査請求を、東京都と千葉県に提起することを決めた。住民は、地方自治体の財政チェックの制度として、地方自治体の違法、不当な公金の支出などの財務会計上の行為について、監査委員に対して監査請求をすることができるからである。

東京都職員措置請求書は、十一月二十一日に、東京都監査委員に提出したが、正式の受理にならなかった。十一月二十二日に、千葉県監査委員に行なった千葉県職員措置請求書は、地方自治法第二四二条に定める要件に適合しているものと認められて受理された。

十二月六日に、千葉県監査委員より、「十二月十三日に、『住民監査請求に係る証拠の提出及び陳述について』の機会を設けました。また同条七項の規定による関係機関の職員の立ち会い及び第三者の傍聴を認めることとしました」との通知があった。

十二月九日に、東京都監査委員より、「地方自治法に定める住民監査請求としての要件を欠いているものと認められました。よって、法第二四二条第四項に定める監査を実施しないこととしたので通知します」との通知があった。十二月十三日に、千葉県では、「住民監査請求に係る証拠の提出及び陳述」が認められ、約二時間、各請求人が、意見陳述を行なった。監査請求人は、筆者を含む一七二名である。

十二月二十四日には、当該請求に係る関係機関（千葉県総合企画部、土木部、千葉県水道局、千葉県企業庁）の意見聴取が行なわれたが、請求人の立ち会いも認められた。

この間、「国土交通省は、八ッ場ダムの総事業費を見直し、当初の二一一〇億円から二倍以上の四六〇〇億円に引き上げる方針を固めた」との新聞報道があった。

二〇〇三年一月十七日に、千葉県監査委員より、監査請求人に対して、「監査請求の結果」についての通知があった。

「監査請求」の結論は、「本件請求のうち、千葉県、千葉県水道局及び千葉県企業庁における本件請求のあった日以前一年間における支出を対象とする部分及び今後の支出差し止めを求める部分については、これを棄却し、それ以外の部分については、これを却下する」というものである。監査請求報告は三〇ページ余に及び、東京都とは違った対応であった。千葉県知事が、住民運動に理解のある堂本暁子知事に代わったことにより、県の対応にも変化が見られるようになったのだろうか。しかし、結果は甘いものではなかった。

東京都監査委員に提出した住民監査請求は不受理となったので、再提出を五月にすることになった。千葉県監査委員への住民監査請求は「棄却」及び「却下」なので、三十日以内に住民訴訟を提起するか否かが検討されたが、裁判をたたかう実力がなかったので、住民訴訟の提起を見送った

思川開発事業訴訟を提起

「市民と議員の会」の出自から、主戦場は八ッ場ダムであり、思川開発事業については筆者のみが声をあげる程度であった。しかし、一九九四年時点での総事業費は、思川開発事業は二五二〇億円で、八ッ場ダムの二一一〇億円より大きかった。

そこで、二〇〇四年一月二十二日に、筆者が単独で、思川開発事業について、千葉県監査委

員に、「千葉県職員措置請求書」を提出し受理された。二月十三日の「住民監査請求に係る証拠の提出及び陳述」と、二月二十五日の、「住民監査請求における機関陳述」を経て、三月十九日に、「千葉県職員措置請求の監査結果について」という「通知」を受け取った。「監査結果」の結論は、「本件請求のうち、請求のあった日以前一年間における思川開発事業に係る治水分の支出を対象とする部分については、これを棄却し、それ以外の部分については、これを却下する」というものだった。通知は、二〇ページ弱であるが、かなり詳細な回答を受け取った。

筆者は、四月十五日に、本人訴訟で、千葉地方裁判所に「訴状」を提出した。これから約三年、「一人旅」が始まる。以下の経緯については、第三章第二節以降に詳述する。

二〇〇四年三月一日に、旧知の広田次男弁護士から筆者に電話があった。広田弁護士は全国市民オンブズマン（以下「オンブズ」という）の公共事業部会の責任者として、事業費が二一〇〇億円から四六〇〇億円と大幅に増額された八ッ場ダム問題に関心があり、一都五県の弁護士を中心に、建設阻止のための裁判を提起しようと思っていた。筆者が、「市民と議員の会」の代表をしていることを知って協力の申し入れをしてきた。

早速、「市民と議員の会」の事務局会議を行ない、「オンブズ」からの申し出について検討した結果、「オンブズ」事務局と「市民と議員の会」の事務局とで、八ッ場ダムの住民訴訟についての打ち合わせを行なうことになった。

話し合いの結果、以下のことが合意できた。

(1) 一都五県で、八ッ場ダム建設阻止のための住民監査請求と住民訴訟を一斉に行なえるよう準備する。

(2) 各都県で原告団と支える会を作り、裁判の傍聴や会費の納入等、五年以上、裁判を支え続ける意思のある人を集める。

(3) 各都県の弁護団は、全国市民オンブズマンが中心になって作る。

四月二十七日の「市民と議員の会」事務局会議に、「オンブズ」からの「提案書」が提示された。

「提案書」によると、目的は「八ッ場ダムの建設費を差し止める」ことであり、その手段として、「①一都五県において、住民監査請求を申し立て、その後の住民訴訟を勝ち抜く（六件の訴訟のうち一件でも勝てれば、全体計画の見直しが必要になる）。②五月十六日に、原告団・弁護団会議を行なう。③八月二十八日、二十九日の「市民オンブズマン全国大会」で「ストップ八ッ場ダム宣言」を行なう。④九月三日に一都五県で一斉に、住民監査請求を提出し、記者会見を行なう」というものである（九月三日は後に九月十日に変更）。

一都五県で八ッ場ダム訴訟を提起

提案を受けて、千葉県では、「八ッ場ダムをストップさせる千葉の会」（以下「千葉の会」という）を結成し、中村春子・村越啓雄を共同代表に選任した。筆者も幹事として参加した。

財政については、住民監査請求の請求人には一人一〇〇〇円のカンパを、住民訴訟の原告には一人一万円の訴訟費用を負担してもらうことにし、支援する会員の年会費は一〇〇〇円とした。

七月五日に、千葉県の住民監査請求の打合せを、千葉県弁護士会館で行なった。当日は弁護団の菅野泰、及川智志、広瀬理夫の三人に、「千葉の会」その他の住民運動のメンバーが参加した。

千葉には、法律上の問題があった。それは、すでに一度、二〇〇二年十一月二十二日に、千葉県監査委員に、住民監査請求をしているので、請求できるかどうか、ということだった。しかし、請求人の構成も違うし、請求の趣旨も変えれば可能、とのことだった。

七月六日の「市民と議員の会」事務局会議で、九月十日（金）に、一都五県で一斉に、住民監査請求を行なうことにした。東京から、住民監査請求（案）と「あなたも八ッ場ダム問題に関する住民監査請求の請求人になりませんか」という、賛同を呼びかける「文書」が示され、各県で、参考にして文書を作成することとなった。

「八ッ場ダム訴訟」を支えるための会の名称を、「八ッ場ダムをストップさせる市民連絡会」とすることを正式に決定し、会の目的を、「八ッ場ダムの建設を阻止する」と決めた。

住民監査請求が却下または棄却された場合の住民訴訟の訴状についても弁護団で準備することとし、十一月二十六日に一斉提訴するために、各都県で、あらかじめ、原告から委任状を集めて、住民訴訟に備えることにした。

九月十日に、一都五県の約五四〇〇人が、一斉に住民監査請求を行なったが、十月四日の茨城から、十月七日の埼玉、十月十二日の栃木、十月二十五日の東京、十一月一日の群馬、十一月八日の千葉まで、いずれも「却下」もしくは「棄却」された。

当初は十一月二十六日に一斉提訴を予定していたが、三十日以内に住民訴訟を提起する必要があるので、茨城・埼玉が十一月四日に先陣を切り、群馬・千葉が殿を努めて、十一月二十九日に提訴し、一都五県の住民訴訟が始まった。

筆者は、千葉県の訴訟の原告として、八ッ場ダム訴訟に関わってきたが、事情により「市民連絡会」を退会し、八ッ場ダム訴訟から身をひいた。

第二節　思川開発事業（南摩ダム）の住民監査請求

住民監査請求を請求

先述したように、二〇〇四年一月二十二日に、筆者は単独で、千葉県監査委員に、以下のような千葉県職員措置請求を行なった。

（請求の趣旨）

(1)　計画の概要（省略）。

(2)　違法および不当の事由

①地方財政法第三条および第四条違反

地方財政法第三条では、「合理的な基準によりその経費を算定し、これを予算に計上しなければならない。」とあり、第四条では、「必要且つ最小の限度をこえて、これを支出してはならない。」とされている。

治水の面でいえば、南摩ダムの洪水調節流量は毎秒一一五立方メートル程度であり、渡良瀬遊水池でゼロとなり、利根川の基本高水流量にはカウントされていない。南摩ダムの治水効果は利根川の治水対策上無用なものであり、千葉県には影響ないので、治水分の四〇八億円を経費とするのは、合理的な基準による算定とはいえず、違法である。

利水の面でいえば、千葉県には現在、未利用水が毎秒二・八〇五立方メートルあるので、工水の一部毎秒〇・三一三立方メートルを上水に転用すれば、思川開発事業に参画する必要はなくなる。

平成十五年に実施された千葉県水道局についての包括外部監査によれば、「平成三年度に工業用水事業から譲り受けた日量四万一〇〇〇立方メートル（毎秒〇・四七立方メートル）が、現在に至っても利用されていないとのことである。千葉県水道局からの上水の転用でも十分対応出来る水量である。

千葉県は二〇一〇年から人口は漸減する上、節水思想の向上により、水需要は減少し、水余りを迎えることになるが、その時期になって必要のない水道の料金を子供達にツケとして回すことになる。

必要のないダム事業に公費を支出するのは、「必要且つ最小の限度をこえた支出」であり、公費のムダな支出である。

②河川法第一条違反

一九九七年の河川法改正により、河川法第一条の（目的）に「河川環境の整備と保全」が加えられている。

導水管の取水口が設置される大芦川は、関東随一の清流とされているが、取水口と導水管の工事により、河川環境が著しく侵害される恐れがある。河川法に違反するような違法な工事に対する公費の支出は違法である。導水管工事に伴い「地下水枯渇」が指摘されているが、このような違法な工事により、地域住民の生活にも大きな影響を与えることになる。市民生活を脅かす事業に公費を支出するのは不当、違法である。

③理事者が時代遅れと認識している事業への公費の支出は不当

「流域の会」が、二〇〇一年四月二十四日に、堂本暁子千葉県知事へ提出した「思川開発事業に関する要望書」に対して、同年四月二十八日に、筆者への返書に、「思川開発、時代おくれですね」という堂本知事の添え書きがある。知事が時代遅れという認識を持ちながら、公費を支出するのは不当である。

④千葉県の財政事情について

平成十四年度の千葉県の一般会計の決算見込みによると、実質収支は八二億円の赤字となっている。地方債の現在高は二兆九五五億円で、県民一人当たり約三五万円の借金となっている。これ以上、ムダな公費の支出をすべきではない。

⑤以上述べた通り、思川開発事業は、千葉県にとって、治水・利水の両面において不必要な事業であり、代替案も可能である。

千葉県の負担額、治水分四〇八億円、利水分五一億円、合計四五九億円は県民に多額の損害を与えることになる。

既に支出済みの治水分一二億円については、その支出に関係した知事等の職員に対し、損害賠償を請求する。

利水分の五一億円の契約は解約すべきである。

平成十四年度の治水分一億四四〇〇万円の支出を差し止め、利水分九四〇〇万円の契約の解約を求める。

以上の通り、地方自治法第二四二条第一項の規定に基づき、事実証明書を添えて必要な措置を請求する。

堂本千葉県知事よりの文書を添付資料として提出した。

「（前略）お手紙は私が直に拝見いたしました。（中略）また、いただきましたご意見については、担当部署へ検討するよう指示いたしました。（後略）」のうえ、添え書きとして、「思川開発、時代遅れですね」と自署している。

千葉県職員措置請求の監査結果について

二月十三日には、「住民監査請求に係る証拠の提出及び陳述」が認められ、筆者は、監査委員に、意見陳述を行なった。二月二十五日には、「機関陳述」があり、筆者は傍聴を認められ、立ち会ったが、この際、筆者がテープを取りたいと申し出たところ、自民党の監査委員が大声で「ダメだ」と筆者を怒鳴りつけた。

三月十九日付けの「千葉県職員措置請求の監査結果」の結論は、「本件請求のうち、請求のあった日以前一年間における思川開発事業に係る治水分の支出を対象とする部分については、これを棄却し、それ以外の部分についてはこれを却下する」というものであった。

「第六　判断」の要旨は以下の通りである。

(1)　請求人が違法又は不当と主張する点

①利根川の治水計画は過大であり、また、南摩ダムの治水効果は利根川の治水対策上無用なものである。したがって、そのための支出は合理的な基準による算定とはいえず、地財法第三条に違反する。また、必要のない事業への支出は地財法第四条違反でもある。

②導水管の設置により河川環境が著しく侵害され又は劣化するおそれがあり、河川環境の整備と保全を規定する河川法第一条に違反する。

③東大芦川ダムの建設中止により、南摩ダムはその機能を喪失している。

④南摩ダムの有効貯水容量から見て、一千万トンの水が不足する欠陥ダムである。

⑤知事が「時代遅れ」と認識する事業に公費を支出するのは不当である。

⑥県の一般会計は赤字であり、地方債残高も相当な金額となっているのに、これ以上ムダな公費の支出をするべきではない。

(2)　個別判断

①地財法第三条及び第四条に違反するとの主張について

利根川水系は一級河川で河川管理は国が行なう。本件事業の治水効果が利根川全体の治水効果に占める割合が少ないからといって、特に意見を付さなかった知事の判断に裁量権の逸脱又は濫用があったとは認められない。

知事には当該負担金を支出するかどうかの決定及び支出する場合の金額の決定等に係る裁量権はないと認められる。

これらのことから、地財法第三条及び第四条に違反するとはいえない。

②河川法第一条に違反するとの主張について

知事意見の照会があった際、河川環境の保全等に関する意見を付さなかったことが知事の裁量権の逸脱又は濫用に当たるとするものではない。

③東大芦川ダムの建設中止により、南摩ダムはその機能を喪失しているとの主張について

東大芦川ダムの建設中止が本件事業へ直接的な影響を及ぼさないとの認識の下、国及び水機構（水資源開発機構）において本件事業に係る計画変更等の措置を取らないとしても、本件事業における洪水調節機能に影響がないとの執行機関の弁明は是認できるものである。したがって、請求人の本件主張については理由がない。

④南摩ダムは欠陥のあるダムであるとの主張について

執行機関からは、南摩ダムにおける貯留水の使用目的と南摩ダムへ導水される水量から見て、南摩ダムは計画された水運用が可能である旨の弁明があったところであり、南

摩ダムに欠陥があるとの認識は示していない。

⑤知事が時代遅れと認識している事業への公金支出は不当であるとの主張について

執行機関が主張するように、その後の県議会等においては、本件事業については結論的には本県にとって必要な事業であるとの認識を示しているところである。

県議会において本件事業は必要であるとの認識を示していることについて、知事に裁量権の逸脱又が濫用があるとはいえないことから、本件事業に対する負担金の支出を不当な支出とすることはできない。

⑥県の一般会計が赤字であり、また、地方債残高が多い中で、不要な事業への公金支出はすべきでないという主張について

本件事業に係る負担金の支出は、旧公団法第二十六条第三項（現水機構法第二十一条第三項）の規定により支出するものであり、本県にとって必要とされている事業に対する負担金の支出を、本県の財政状況が悪化していることを理由に不当とすることはできない。

堂本知事は就任後、建設省関東地方建設局より、千葉県の県土整備部長への官僚の天下りを受け入れている。堂本知事は初心を忘れ、県議会や県職員にすっかり取り込まれてしまった。

「監査結果」を受理したのが三月二十日なので、三十日以内に住民訴訟を提起することにした。

第三節　思川開発事業（南摩ダム）の住民訴訟

住民訴訟を提起

二〇〇四年四月十五日に、筆者は本人訴訟で、千葉県知事堂本暁子を被告に、千葉地方裁判所に「訴状」を提出した。

（請求の趣旨）

（1）被告は、思川開発事業の建設に関し、以下の各公金の支出をしてはならない、

①治水に関する負担金

②水源地域整備事業経費負担金

③財団法人　利根川・荒川水源地域対策基金事業経費負担金

（2）被告は、堂本暁子に対し、上記各公金に関し、すでに支出した分について、損害賠償を請求せよ、

（3）被告は、思川開発事業において、北千葉広域水道企業団が行なう利水に関する一切の債務負担行為をしてはならない、

（請求の原因）

（1）思川開発事業は、水資源機構（旧水資源開発公団）が、鹿沼市の南摩川に建設を予定して

いるダム事業であるが、まだ本体工事には着手していない。南摩川は小川ともいうべき小河川であり、集水域も十二・四平方キロと小さく、水が貯留出来る可能性も少ないため、導水管を敷設して、他河川より大量の水を導水しなくては水が貯まらないというダム計画である。

二〇〇〇年十一月になって、地元（今市市）の調整が難航しているとの理由により、大谷川からの分水が中止され、計画が変更された欠陥ダムである。

(2)　思川開発事業が計画された当初は、首都圏への急激な人口集中が始まった時期だったが、東京の人口増加も一段落し、東京都は水余りの状況になったので、一九九四年の第一次変更計画では、東京都は新規利水から撤退している。

（違法および不当の事由）

(1)　地方財政法第一条、第三条および第四条違反

思川開発事業への負担金等への支出は、これらの法条に違反している。

(2)　治水について

治水面では、「思川開発事業の基本高水流量の設定・根拠について」（国土交通省）という資料によれば、南摩ダムの洪水調節流量は、渡良瀬遊水池でゼロとなり、利根川の基本高水流量にはカウントされていない。南摩ダムの治水効果は利根川下流部の治水対策上必要ないものであり、千葉県には影響ないので、治水分の経費一二二億円は、合理的な基準に

よる算定とはいえず、違法である。

(3) 利水について

千葉県は二〇一〇年から人口は漸減する上、節水思想の向上により水需要は減少し、水余りを迎えることになる。南摩ダムが完成する時期は、千葉県の水余りが顕在化する時期である。

必要のないダム事業に公費を支出するのは、「必要且つ最小の限度をこえた支出」に当たり、公費のムダな支出で、地方財政の健全性の確保を目的とする地方財政法に違反する。

(4) 河川法違反

一九九七年の河川法改正により、河川法第一条の(目的)に「河川環境の整備と保全」が加えられた。

この計画では、ダムの建設を予定されている南摩川に水を補給するため、黒川、大芦川より取水することになっているが、取水により、河川環境が劣化する恐れがある。

法律に反する行為のためになされる財務行為は、その違法性を承継し、違法な財務行為となることは、判例の示すとおりであり、河川法に違反する工事に対する公費の支出は違法な公金支出である。

六月二十八日付けで、被告より「答弁書」が提出された。

原告の主張

準備書面（第一）（抜粋）

（思川開発計画について）

建設計画当初の予定では、今市市の大谷川から一億二千万トンの水を取水し、鹿沼市の南摩ダムまで導水することになっていたが、二〇〇〇年十一月に、「大谷川分水については地元調整が難航しているため中止する」ことになった。本来ならば、この時点で、思川開発事業の計画そのものを中止すべきであったが、計画の見直しをすることにより、事業継続となった。

思川開発事業は、大谷川分水の中止と、東大芦川ダムの建設中止により、当初の機能を果たせなくなっている。

（治水上の問題について）

南摩ダムの集水域は十二・四平方キロメートルという小面積であり、この地点にダムを建設しても洪水調節機能はほとんどない。南摩川は、平時は、ダム予定地の上流は伏流して水が流れていないような小河川のため、水の貯まらないダムといわれている。このような小河川にもかかわらず、両岸に山が迫っているというダム建設適地ということでダムは建設されることになったが、もともと流量の少ない小河川であるので、ダム地点で設定された基本高水流量は過大である。南摩ダムは、利根川本川の中・下流地域の洪水被害の軽減には無関係である。

（河川に関する費用について）

河川法第六十条第一項によれば、「都道府県は、その区域における一級河川の管理に要する費用については、政令で定めるところにより、その二分の一を負担する」とあるので、栃木県の区域内にある南摩川の河川の管理に要する費用の二分の一は、栃木県が負担することになる。

河川法第六十三条第一項で、「国土交通大臣が行なう河川の管理により、第六十条第一項の規定により当該管理に要する費用の一部を負担する都府県以外の都府県が『著しく利益を受ける場合』においては、国土交通大臣は、その受益の限度において、同項の規定により当該都府県が負担すべき費用の一部を当該利益を受ける都府県に負担させることができる」と規定されている。南摩ダムは、利根川本川の中・下流地域の洪水被害の軽減に無関係なので、千葉県は、「著しく利益を受ける」ことはない。思川開発事業の治水に関して、千葉県が費用負担を行なう合理性はない（「　」は筆者）。

（利水に関して）

千葉県の未利用水は、二〇〇二年二月現在で、毎秒二八〇五トンある。『河川法解説』（編著・河川法研究会・大成出版社・一九九四年）によれば、「河川の流水は限られた公共の財産で

図3-3-1　利根川計画高水流量図

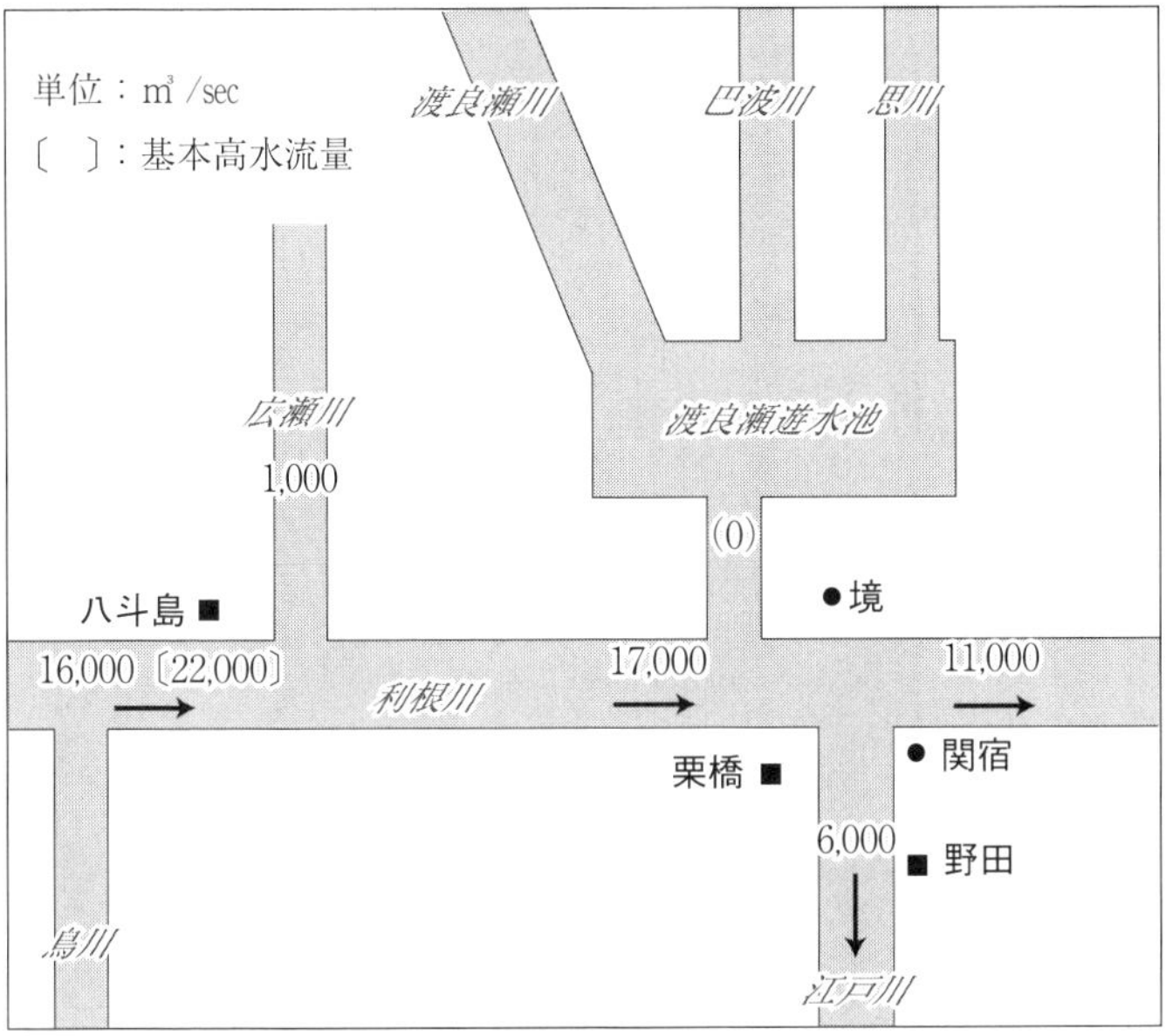

あるので、不必要になった分についてまで権利を主張することは許されない。」「水利権を実行しない者は、権利の上に眠る者であるばかりでなく、その遊休水利権が他の緊急かつ有用な水利権の成立の障害となり、河川の有効な利用を妨げる可能性が大であるから、許可期間を過ぎてなお水利権の存続を主張すべき正当な権利を有しないといわなければならない。従って、遊休水利権は、許可期間の満了とともに消滅すると考えるべきである」とある。

　遊休水利権を活用せず、新たに水利権獲得のため、千葉県に多額の損害を与えることは、河川の有効な利用を妨げるばかりでなく、裁量権の乱用である。

準備書面（第二）（抜粋）
（治水に関する千葉県の負担について）

利根川上流域の治水計画は、上流ダム群及び遊水池による洪水調節、河道改修により対処するものとし、八斗島下流については、支川広瀬川等の合流量を毎秒一〇〇〇トンと見込み、支川渡良瀬川等の流量は渡良瀬遊水地の調節により本川の計画高水流量に影響を与えないものとして、栗橋における計画高水流量を毎秒一万七〇〇〇トンとし、江戸川に六〇〇〇トンを分派させる計画である（図3―3―1）。

思川開発事業は渡良瀬川の一支流の思川の分流の南摩川での事業であり、その流量は渡良瀬遊水池により調節され、利根川本川の流量には影響を及ぼさない。（他の都府県の費用の負担）を定めた河川法第六十三条第一項によれば、「国土交通大臣が行なう河川の管理により、第六十条第一項の規定により当該管理に要する費用の一部を負担する都府県（この場合栃木県）以外の都府県（この場合千葉県）が『著しく利益を受ける』場合においては、国土交通大臣は、その受益の限度において、同項の規定により当該都府県（この場合栃木県）が負担すべき費用の一部を当該利益を受ける都府県（この場合千葉県）に負担させることができる」と規定されている（『　』は筆者）。

当該都府県（この場合栃木県）以外の他の都府県は、「著しく利益を受ける場合（に限られ）」、「その受益の限度において」、河川の管理の費用を負担することになる。南摩ダムは、利根川本川の中・下流地域の流量の軽減に無関係であるので、『著しく利益を受ける』ことはない千葉県が、思川開発事業の河川の管理に関する費用を負担するのは、著しく合理性に欠ける。

千葉県では、二〇〇三年に、戸倉ダムからの撤退を決定した。

戸倉ダムは利根川上流のダム群の一つとされ、洪水流量を毎秒約六〇〇トンをカットする計画であった。戸倉ダムの方が、利根川本川の流量に与える影響は大きい。千葉県は、この戸倉ダムからの撤退を安易に決定しながら、南摩ダムができなければ、四二兆円の被害があるから撤退できないという主張は合理性を欠くもので、裁量権限の濫用である。

（利水に関する千葉県の水政策について）

千葉県の未利用水（遊休水利権）は、毎秒二八〇五トン存在する。この遊休水利権を転用すれば、北千葉広域水道企業団の毎秒〇・三一三トンは安定水利権となり、思川開発事業から撤退することが可能となる。

多くの遊休水利権があるのに、さらに新たな水利権を獲得しようという行為は、裁量権の濫用に当たる。不必要なダム使用権の取り下げを怠り、千葉県民に損害を与えることは、地方財政法違反である。

準備書面（第三）（抜粋）
（南摩川の河川現況）

「利根川水系構図」によれば、南摩川は一級河川とはいっても、利根川の支川の渡良瀬川の支流の思川の分流に位置する小河川である。流域面積一六七六二・七平方キロメートルの利根川、一三九六・三平方キロメートルの渡良瀬川、八七九・〇平方キロメートルの思川に比べて、南摩川の流域面積は僅か二六・四平方キロメートルに過ぎない。予定されている南摩ダムの集水域はさらに小さい一二・四平方キロメートルである。

被告は、「南摩ダムによって、南摩川の当該ダムの建設される地点における流入量毎秒一三〇立方メートルのうち毎秒一二五立方メートルの洪水調節を行なうことにより、南摩ダム下流の思川沿川地域及び利根川本川の中・下流地域の洪水被害の軽減を図る」。「南摩ダム下流の想定氾濫区域は、面積一二八〇平方キロメートル、人口約三八〇万人が生活し、約四二兆円の資産が集積している。利根川流域は過去から大洪水に見舞われており、これらの人々の生命及び財産を守ることは国及び県の重要な責務である」とし、「思川開発は利根川水系の洪水被害を軽減する重要な施設であり、本県にとって治水上必要な事業である」と述べている。

しかし、わずか二六・四平方キロメートルの流域面積で、しかもそのほとんどが緑のダ

図3-3-2　思川の治水計画（1980年の利根川水系工事実施基本計画から作成）

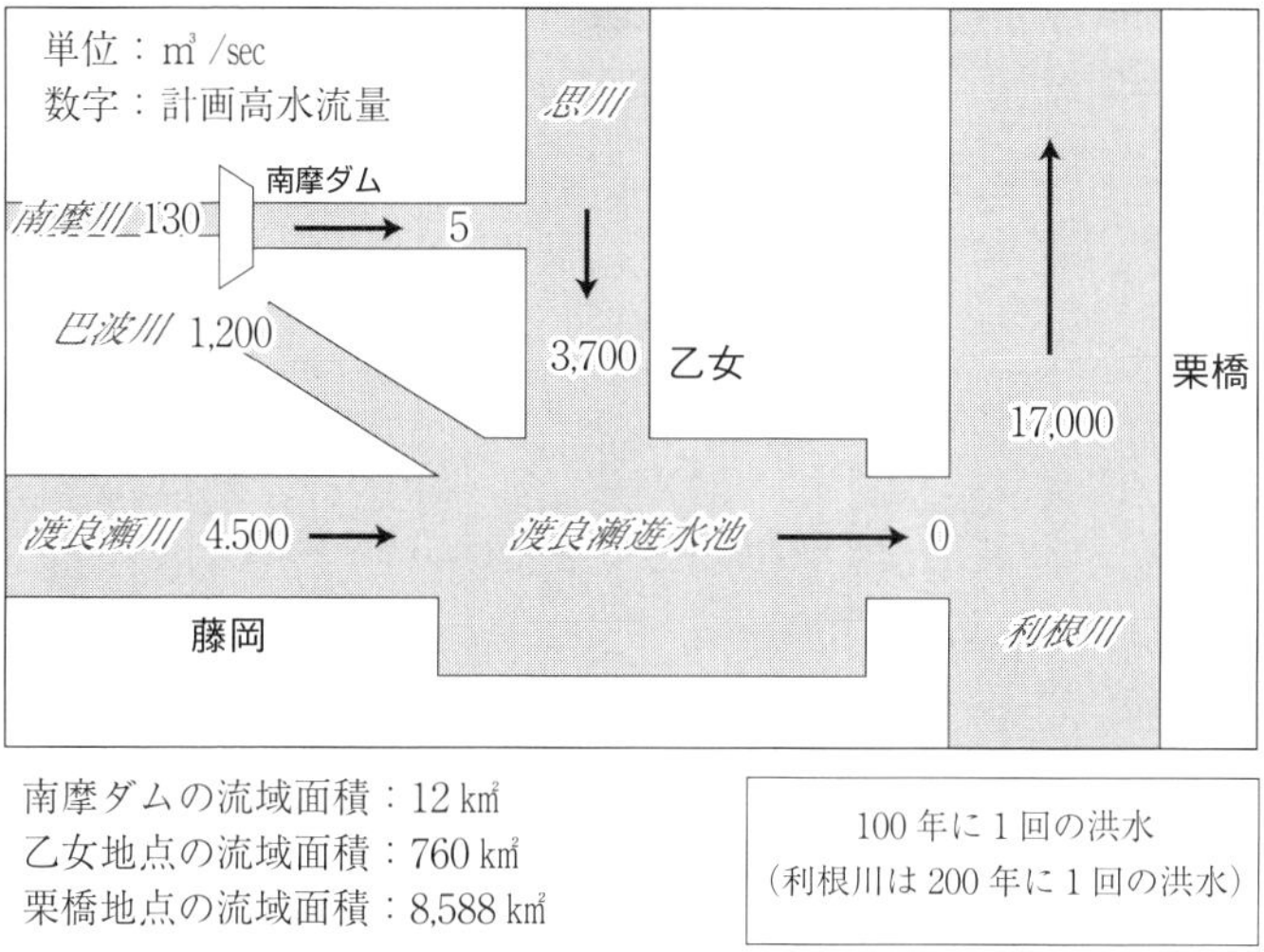

嶋津暉之作成より

ムといわれる山地である南摩川に、集水面積一二・四平方キロメートルの南摩ダムがないからといって、「約四二兆円の洪水被害が発生する恐れがある」とは、想定できない。

利根川本流に二百年に一度というカスリーン台風並みの降雨があったときに、国土交通省の予想では、二一〇万人、三三兆円の被害があるという。これに較べて、南摩川に南摩ダムがないと、「約三八〇万人、四二兆円の洪水被害が発生する恐れ」というのは余りにもかけ離れているのではなかろうか。

（費用負担について）

利根川水系工事実施基本計画より、水源開発問題全国連絡会の島津暉之共同代表が、「思川の治水計画」（図３―３―

2）を作成した。これを見ても、南摩川の流量は渡良瀬遊水池で調節され、利根川本川への流量がゼロとなっていて、利根川の中・下流への影響がないことは明らかである。

被告も、「現行の利根川水系工事実施基本計画では、思川から渡良瀬遊水池への流入量を毎秒三七〇〇立方メートルとし、渡良瀬川及び巴波川と合わせて渡良瀬遊水池への合計流入量を毎秒九四〇〇立方メートルとする計画であり、この流量を渡良瀬遊水池により調節し、利根川本川に影響を与えないようにするものである」と述べている。南摩ダムによる洪水調節は毎秒一二五立方メートルといわれているが、渡良瀬遊水池に流入する毎秒九五二〇立方メートルの僅か一％強に過ぎない。

被告は、「南摩ダムによって洪水調節がなされないとすれば、渡良瀬川から利根川への合流量は増加し、利根川の計画高水流量に影響を与えることとなる」「ひとたび利根川の堤防が決壊されるような事態となればその被害は極めて甚大なものとなり、千葉県民の生命さえも危険にさらされることになるため、利根川の治水対策としてきわめて有効かつ重要なものである」という。しかし、南摩川のダムの有無は、千葉県に何らの影響を与えるものでもなく、南摩ダムにより、千葉県が『著しい利益』を受けるものでもない。

被告は、「渡良瀬遊水池については、周囲の堤防及び思川と巴波川の各流入部の堤防を拡築し、遊水池内においては渡良瀬川、思川及び巴波川の洪水流量を調節して利根川の計画高水流量に影響を及ぼさないようにするために、遊水池内の調節池化工事および掘削工事を実施することにより、洪水調節機能の強化を図るとともに各種用水の補給を行なう」と、渡良瀬遊水池の強化策を認めている。

「渡良瀬遊水池は、渡良瀬川が利根川に合流する地点より約五キロ上流に位置する面積三三平方キロメートル、総貯水容量約二億立方メートルの遊水池で、その範囲は茨城県、栃木県、群馬県、埼玉県にまたがっている。渡良瀬遊水池では、上述の渡良瀬川、思川、巴波川の合流量毎秒九四〇〇立方メートル全量を一時的に貯留することにより、遊水池周辺の洪水氾濫を防御するとともに、利根川本川の計画高水流量毎秒一七〇〇〇立方メートルに影響を与えないようにするものである」とあり、渡良瀬遊水池による洪水調節機能の大きさが述べられている。

仮に南摩ダムがないとして、南摩川から毎秒一二五立方メートルの流入があっても、渡良瀬遊水池の許容の範囲内であり、利根川本川に影響を与えるものではない。また仮に毎秒一二五立方メートル全量が利根川に流入し、栗橋での計画高水流量毎秒一万七〇〇〇立方メートルに毎秒一二五立方メートルを増加させ、水位を数センチ上昇させたとしても、利根川の余裕高は二メートルあるので、それにより利根川の堤防が決壊し、千葉県民の生命が危険にさらされるというのは、杞憂であり被害妄想である。

これまで述べてきたように、南摩川の流量は渡良瀬遊水地で調節され、利根川の中・下流には何ら影響を与えないので、千葉県は『著しい利益』を受けることはない。僅か二六・

四平方キロメートルの流域面積で、しかも九五％が森林という南摩川の上流に南摩ダムができなければ、「県民の生命さえも危険にさらされる」というのはまったくの虚構である。南摩ダムの費用の一部を千葉県が負担することは、法の定めるところではない。このような法的根拠のない費用を負担するのは違法である。

準備書面（第四）（抜粋）
（被告の準備書面に対する反論）

被告は、「南摩川は一級河川であり、小川ともいうべき小河川ではない」という。南摩川は一級河川であるが、ダムサイト予定地は小川といわれる小河川であり、その上流の一部では、写真（写真3―3―1、写真3―3―2）に見るように、伏流して水の流れていないところもある。

一級河川であっても、その最上流の南摩川は小河川であり、南摩ダムは利根川の中・下流に影響を与えるものではなく、まして千葉県に利益を与えるものではない。千葉県では、ダム予定地上流の現状を確認せずに、思川開発事業の参加を決定したのか？

写真で見るように、ダムサイト予定地は両側に山が迫っていて、ダム本体の建設に適しているという立地に加え、湛水域にあたる上流は、山間の集落と農地が広がっているので、水を貯めやすい。

写真 3-3-1　ダムサイト予定地。2004 年 7 月 6 日廣田義一写す。

写真 3-3-2　ダムサイト予定地の 200m 上流から下流方向を見る。2004 年 7 月 6 日廣田義一写す。

思川開発事業という構想の発端は、今市市を流れる大谷川から、一億立方メートルを取水し、東京の水不足を解消するというものであったので、大谷川からの取水が中止された時点で、思川開発事業が中止されてもよかったが、「一度始まった公共事業は止まらない」という「神話」はこの地域でも生きていて、計画は変更され、治水目的を過大に見積もって、今に至っている。

被告は、「旧水資源開発公団が、昭和三十九年（一九六四年）に思川開発に関する構想を発表したようであるが、詳細は不知」という。思川開発事業に関する当初の構想を知らずに、千葉県民に多額の費用を負担させるという県の態度に疑問を待たざるを得ない。

東京オリンピックのあった昭和三十九年は、東京砂漠といわれるほど東京は渇水に苦しんでいた。東京の水不足を解消するための一つとして構想されたのが思川開発事業である。洪水調節も後から付けた理由で、最初の段階の構想にはなかった。

「官報一八二八七号」（昭和六十三年二月六日）の「事業目的」にも、「栃木県、東京都等の都市用水の確保等を行なうものとする」とあり、東京都は入っているが、千葉県は挙げられていない。

「官報第一四一三号」（平成六年六月十三日）の「思川開発事業に関する事業実施方針」において初めて、「建設に要する費用の用途別負担額及びその負担者」として、「洪水調節及び流水の正常な機能の維持に係る費用の額は、建設に要する費用の額に一〇〇〇分の五一二を乗じて得た額とし、国は、水資源開発公団法第二六条第一項及びこれに基づく政令の規定によりその費用を水資源開発公団に交付するものとし、その交付する金額の一部は、同条第三項及び同条第四項の規定に基づく政令の規定により茨城県、栃木県、埼玉県、千葉県及び東京都において負担するものとする」とされ、千葉県の治水の負担分が明らかにされている。

「官報第二六八六号」（平成十一年八月十一日では）「思川開発事業の事業目的中『及び栃木県、東京都等の都市用水』を『を確保し、茨城県、栃木県、埼玉県及び千葉県の水道用水並びに栃木県の工業用水』に改める」とある。この時点で、東京都は利水事業から撤退し、新たに茨城県、埼玉県、千葉県が利水事業に加わることになる。

被告は、「南摩ダムの洪水調節効果はゼロではなくて毎秒約五十立方メートルであり、前記したように、このような一見すると小さな効果の積み重ねによって、治水安全度は向上するのである。千葉県が、利根川の治水安全度向上のための経費として応分の負担をすることは、なんら地方財政法に違反するものではない」という。

しかし、南摩川は水害の発生する恐れはないので、南摩川の治水にはダムは必要でない。南摩川の洪水流量は、渡良瀬遊水池で調整されるので、南摩ダムがなくても、利根川本川には影響がなく、千葉県の治水安全度に関わるものでもない。必要のない、合理性のない負担を行なうことは地方財政法に違反する。

仮に、栗橋地点の一万七〇〇〇立方メートルに南摩川の五〇立方メートルが加算されたとしても誤差の範囲であるが、百歩譲って、仮定の上で計算してみても、このことにより、利根川の堤防が破堤することはあり得ない。

五〇立方メートルの流量が利根川本川に流出することにより、どの程度の影響があるかを計算してみる。

栗橋地点の川幅七四〇メートルで流速三メートルとすると、五〇立方メートルの流量により水位は約〇・〇二メートル上昇することになる。栗橋地点での利根川の余裕高は二メートルである。五〇立方メートルの増水で水位が〇・〇二メートル上昇しても、利根川の治水安全度が危険になることはない。

水資源開発公団法第二六条一項は「国は、特定施設の新築又は改築に要する費用のうち、洪水調節に係る費用その他政令で定める費用を公団に交付するものとする」とあり、三項で「都道府県は、第一項の規定により国が公団に交付する金額の一部を負担しなければならない」とされている。

水資源開発公団法施行令第一六条で、「法第二六条第三項の規定により同条第一項の交付金の一部を負担する都道府県は、当該交付金に係る特定施設の新築又は改築で治水関係用途に係るものにより利益を受ける都道府県とする」とあり、二項二で、「前項の都道府県が二以上である場合、国土交通大臣が当該特定施設の新築又は改築で治水関係用途に係るものにより当該都道府県の受ける利益の程度を勘案し、かつ、当該都道府県知事の意見を聴いて、当該都道府県につき定める割合に三分の一を乗じて得た割合」とされている。

国が公団に交付する金額の一部を負担する都道府県は、「治水関係用途に係るものにより利益を受ける都道府県」である。

しかし繰り返し述べたように、千葉県は、南摩ダムにより、治水上の利益は何ら受けないので、千葉県は「治水関係用途に係るものにより利益を受ける都道府県」に当たらず、「治水関係用途に係る負担金」を負担する該当県ではない。

被告は、「これらの金額は、前記の納付通知及び納入告知書に記載された額と同額であり、千葉県知事には、この額を増減する裁量権は全くない」という。しかし都道府県の負担金については「当該都道府県知事の意見を聴いて」とあるので、「裁量権は全くない」というのは誤りである。

準備書面（第六）（抜粋）

（千葉県の水需要予測）

千葉県の保有する都市用水は、上水道と工業用水をあわせて、日量三七五万トンである。これに対して、最近十年間の都市用水の実績は日量約三〇〇万トンである。工業用水の上水道への転用は可能であり、現在でも、上水道には日量約七〇万トンの余裕がある。

千葉県民の一人一日最大給水量を四〇〇リットルとして概算すると、日量約一五〇万人分の水が余っていることになる。その上、平成十六年三月時点では、千葉県内の未利用水の合計は毎秒二・六八一立方メートルとなっている。これは日量約五〇万人分の水が、未利用のまま放置されていることになる。千葉県の上水道については、水不足の懸念はない。権利の上に眠り、河川行政を誤ることがあってはならない。

（事業からの撤退〜怠る事実〜）

被告は、「歳入徴収官の納入告知書により国庫に納付するに際し、専決権者（土木部長）や関係都県知事の一人である千葉県知事の一方的意思によって、その納付を免れることができないことはいうまでもなく、また、その納付に際し同県知事の上記した意見を、その後の状況の変化等を理由に一方的意思によって撤回、取り消すなどして、負担を免れることができないことも自明である」と主張する。しかし、「独立行政法人水資源機構法」（以下機構法という）には、「事業からの撤退」という画期的な規定があり、事情の変化により「事業からの撤退」を認めている。

平成十三（二〇〇一）年七月六日に、「水資源に関する行政評価・監視結果に基づく勧告」が公表された。「勧告」にもあるように、開発計画が実績を大きく上回っているという事実、水の用途間転用の推進、国民の節水思想の向上、人工のダムよりは緑のダムという脱ダムの流れ、河川環境の保全などを求める国民のニーズ、生態系の保全等々の社会情勢の変化により、一九九七年度から二〇〇四年度までの九年間に、一〇〇を超えるダムが中止されている。

思川開発事業でも、先に東京都は、水余りを理由に利水から撤退をしているので、水余りの時代を迎えた千葉県も、「思川開発事業から撤退」すべきである。

思川開発事業からの撤退を怠り、債務負担行為を漫然と継続することは、「怠る事実」として、その損害を負うべきである。

(住民訴訟について)

「住民訴訟とは、住民全体の利益のため、違法な財務会計上の行為の防止を是正することを目的にした、特に法で住民に対して公法上の権限が付与されたもの、いわゆる『民衆訴訟』(行訴法五)という特別な訴訟類型のものであり、住民という資格に基づき訴訟提起を認めたものです(行訴法四二)」(『Q＆A住民訴訟の法律実務』八二頁)。地方自治体に自浄作用があれば、住民による訴訟は必要ないはずである。

被告は、「原告の主張は、思川開発事業は必要がなく、自然環境を破壊するものと自ら考えるから、それに支出した又は支出する負担金がすなわち千葉県が被った又は被るであろう損害だと主観的に評価しているにすぎない。すなわち、原告の主張する千葉県の財産上の損害なるものは、現実的かつ客観的なものではなく、単なる関係地方公共団体(千葉県)の住民一人の主観的な意見でしかないのである」と切り捨てている。

しかし、原告は、科学的、客観的立場から、計数等を用いて財務会計上の問題点を指摘し、違法な財務会計上の是正を図ろうとしているのであり、単なる主観的意見を述べているのではない。

（財務会計法規上の義務違反について）

南摩川に「南摩ダム」が建設されたとしてもまた建設されなかったとしても、南摩ダム予定地上流の流量は渡良瀬遊水池で調節されるので、千葉県は、洪水調節に関して、全く利益を受けることはない。国が公団に交付する金額の一部を負担する義務のある都道府県は、洪水調節に関わる都道府県であり、洪水調節に関わりのない千葉県には負担する法的根拠はない。

第三十一条の（受益者負担金）についても、「公団は、水資源開発施設の新築又は改築によって著しく利益を受ける者があるときは、政令で定めるところにより、その利益を受ける限度において、当該水資源開発施設の新築又は改築に要する費用の一部を負担させることができる」と規定されているが、千葉県は、「著しい利益」を受けることもないので、これらの費用を負担する法的根拠はない。

被告は、「どのように予算を配分し、どのような方法で執行するのが住民福祉の増進につながるかは、その時々の社会・経済情勢等によりつつ、住民の選挙により選出された地方公共団体の首長や選挙された議会議員の政策判断に基づいて決定される」というが、

「議会の議決があったからといって、法令上違法な支出が適法な支出になるものではなく、議会の議決があった公金の支出についても、住民訴訟の対象となり得ます」(『Q&A住民訴訟の法律実務』二一九頁)。「地方公共団体の長等がした公金の支出は、その前提となる予算や高額な契約の締結等につき議会の議決を要するものがある一方で、法令の規定に従わなければならないことは当然であり、議会の議決があったからといって、法令上違法な公金の支出が適法となることはありません」(前掲書二二〇頁)ので、治水に関する負担金の支出負担行為が違法であれば、議会の議決があったとしても、その支出は当然違法である。

準備書面(第十)(抜粋)

結審にあたり意見を総括した。

(河川法違反について)

一九九七(平成九)年五月二十八日に可決成立した「改正河川法」第一条(目的)に、「河川環境の整備と保全」が新たに加えられた。改正前の河川法には、全百九条の中に「環境」という言葉は一つもなかった。「河川環境」とは「河川の自然環境」と「河川と人との関わりにおける生活環境」である。河川整備にあたっては、地域住民の意向を反映し、河川環境の整備に務めるべきである。

北関東随一の清流とされる大芦川に設置が予定される取水口により大芦川の河川環境

が著しく破壊される上、取水される大芦川、黒川の水量低下による河川環境の悪化、一〇キロに及ぶ導水管による地下水の枯渇など、河川の自然環境、河川と人との関わりにおける生活環境について、多大の悪影響を及ぼすものである。

二〇〇〇年十二月に計画を変更したのであるから、その際に、「改正河川法」を受け、一九九七年に制定された環境影響評価法の手続きに従って再評価をすべきであるのにそれを怠る行為は、河川法第一条の趣旨に違反するものである。

（河川法第六三条・他の都府県の費用の負担）

河川法第六三条は、他の都府県の費用の負担について、「第六十条第一項の規定により当該管理に要する費用の一部を負担する都府県以外の都府県が著しく利益を受ける場合においては、国土交通大臣は、その受益の限度において同項の規定により当該都府県が負担すべき費用の一部を当該利益を受ける都府県に負担させることができる」と規定している。「支川渡良瀬川等の流量は渡良瀬遊水池の調節により本川の計画高水流量に影響を与えない」とされており、思川の流量は利根川本川の流量に影響を与えることはない。

「河川法解説」および「逐条河川法」の注釈にもあるように、「著しい利益」とは、「他の都府県が一般的に受ける利益をこえる特別の利益」である。

「河川は、上流から河口に至るまで連続した一の水系を成し、その管理も水系を一貫して行なわれるべきものであるので、ある都府県の区域内における河川管理により、他の都府県が多かれ少なかれ利益を受けるのは当然予想されるところであり、多少なりとも利益があれば常に本条の負担金を課することとするのは、本法において河川の管理のための費用負担の体系を定めた趣旨に反する」とある。

建設省河川局水政課監修・河川法令研究会編著の『よくわかる河川法』（一九九六年）にも「制度の趣旨」として以下のような記述がある。

「ある河川の上流域で、洪水調節容量と利水容量を併せもつ多目的ダムが建設されたとき、下流域に他の都府県があれば、その多目的ダムの建設によって下流の他の都府県も洪水が調節され、あるいは使用できる水量が増える場合があります。このように、ある都府県で行なわれた河川管理行為が他の都府県に著しい利益をもたらしている場合には、利益を受ける都府県が、本来は費用負担者でない場合であっても、その都府県にも費用の一部を分担させ、費用負担の衡平を図ることが適当です」。

さらに、「他の都府県に負担させることのできる費用の範囲」としては、「他の都府県に負担させることができる場合は『著しく』利益を受ける場合です。このように『著しく』利益を受ける場合に限定したのは、ある都府県の区域内における河川の管理により、他の都府県が多少の利益を受けることは当然に予想されることから、利益があれば常に負担するることとするのは適当ではないからです」。

被告は、「南摩ダムの洪水調節による利根川本川への効果は毎秒約五〇立方メートルであるが、このような一見すると小さな効果の積み重ねによって利根川の治水安全度は向上してきたし、これからも向上するのであり、千葉県にとって利根川の治水安全度を向上させることは極めて重要な施策であることから、南摩ダムの洪水調節の必要性は認められないとか、利根川下流域の治水上の機能はほとんどないことが明らかであるなどと言うことはできない」という。

原告は、利根川水系における治水計画の流量配分において、思川（南摩川）の流量は渡良瀬遊水池で調整されてゼロになるとされているので、「南摩ダムをつくることによる利益」を千葉県は何ら得ることはない、ましてや「著しく」利益を受けることはないので、千葉県は南摩ダムの費用の一部を負担する法的根拠はない、と主張しているのである。

南摩川の流量は渡良瀬遊水池で調節されるので、千葉県にとって治水上の問題は起こらないが、百歩譲って被告の主張を認めるとしても、「一見すると小さな効果の積み重ね」が法第六十三条のいう「著しく」には当たらず、千葉県が費用を負担する法的根拠はない。

（政策評価法違反について）

思川開発事業は、「合理的とはいえない災害予測と水需要予測に基づいて立案されたもの」である。

被告は、「『将来水余りを迎える』などということは全くできない」と述べているが、多くの未利用水をかかえる現状と、将来の人口減が予測されるにもかかわらず、説明責任を果たしていない。

千葉県が、合理的な政策効果を、治水上も利水上も定量的に把握することなく、思川開発事業に参画することは違法であり、裁量権を逸脱するもので、千葉県の行政のあり方に本質的な問題がある。

判決文（要旨）二〇〇六（平成十八）年二月七日

判決は、原告が提起した①治水上の問題点、②利水上の問題点、に何らまともに判断をしないで、一部却下、一部棄却をして訴えを退けている。

（千葉県における治水負担金の支出の手続）

地方自治法二四二条の二の規定に基づく住民訴訟は、普通地方公共団体の執行機関又は職員による同法二四二条一項所定の財務会計上の違法な行為又は怠る事実の予防又は是正を裁判所に請求する機能を住民に与え、もって地方財務行政の適正な運営を確保することを目的とするものであるから、同法二四二条の二第一項一号の規定に基づき、当該執行機関に当該行為の差し止めを求め、あるいは、同項四号の規定に基づき、当該職員に対する損害賠償請求をすることを求めることができるのは、当該執行機関又は当該職員の行為自体が財務会計法規上の義務に違反する違法なものであるときに限られると解するのが相当である（最高裁判所判決）。

千葉県は、平成七年度以降、治水負担金について、前記の経緯で納入の告知を受け、これに基づき、前記の手続きを経て支出しているものと認められる。そうすると、これまでの治水負担金の支出は適法に行なわれたものであり、財務会計法規上の義務に違反するとはいえず、被告に違法な財務会計行為を阻止すべき指揮監督上の義務違反も認められない。

原告は、本件事業が合理性を欠いた事業であり、水資源公団法二六条三項により、治水負担金を負担する法的根拠がないとして、治水負担金の支出が違法である旨主張する。

しかし、国土交通大臣が水資源公団法施行令一六条二項二号により定める割合に基づいて定まる治水負担金の金額について、納入の告知がなされた場合には、地方公共団体としては納付の義務を負っているのであって、たとえ、治水負担金の金額を定めるにあたって、国土交通大臣等に違法な行為があったとしても、それが一見明白に違法な行為であるといった特別な事情がある場合はともかくとして、少なくともそのような違法な行為がない場合には、被告又はその権限の委任を受けた者において是正可能性があるとはいえず、国による変更決定等によらなければ納付の義務を免れることができないのであるから、前記納入の告知に基づく治水負担金の支出が、財務会計法規上の義務に違反することはないというべきである。

したがって、原告の前記主張は、治水負担金の支出について財務会計法規上の違法性を主張するものとはいえないから、理由がない。

東京高裁に控訴する

（判決についてのコメント）

判決では、原告の主張する河川法第六十三条の治水負担金の「著しい利益」についての判断を避け、「治水負担金の納入の告知」について、「納入の告知がなされた場合には、地方公共団体としては納付の義務を負っているのであって、治水負担金の金額を定めるにあたって、『国土交通大臣等に違法な行為があったとしても、それが一見明白に違法な行為であるといった特別な事情がある場合はともかくとして』少なくともそのような違法な行為がない場合には、被告又はその権限の委任を受けた者において是正可能性があるとはいえず、国による変更決定等によらなければ納付の義務を免れることができないのであるから、前記納入の告知に基づく治水負担金の支出が、財務会計法規上の義務に違反することはないというべきである」との判断をしている。住民訴訟の意味を踏みにじるものだと思い、二月十七日に、東京高等裁判所に控訴した（『　』は筆者）。

（控訴人の準備書面）より（抜粋）

(1)「思川開発事業により千葉県は治水上の利益を受けないこと」(2)「政策評価等について」(3)「財務会計法規上の『一見して明白な』違法性について」について、原告の主張を述べた後、①治水上の利益について「(ア)治水負担金の納付通知にしたがって千葉県が納付するにあたり、千葉県は『千葉県が受ける治水上の利益』について、水資源機構から説明を受けたか否か(イ)受けたとした場合、何時、誰から、誰が、どのような説明を受けたのか(ウ)この説明の真偽について、千葉県は独自の調査等を行なったのか否か(エ)行なったとすれば、何時、誰が、どのような調査を行ない、その結論はどのようにオーソライズされたのか」②南摩川の基本高水について「南摩川には基本高水は設定されているのか、されていないのか、設定されているのなら、基本高水流量を決定する過程と具体的な数字を明らかにして欲しい」③想定氾濫区域について「南摩ダムがない場合、利根川本川の千葉県側では、氾濫区域はどこで、氾濫面積はいくらで、損害額はいくらになるのか」以上について釈明を求めた。

（被控訴人の準備書面）より（抜粋）

①思川開発事業についての法的位置付けについて「この事業は、国土交通大臣による事業認可を受けて、独立行政法人水資源機構が事業主体となり実施しているものである。（中略）本件負担金は、原審における被告準備書面（三）の1の(3)のとおり、千葉県が、国からの具体的な費用負担の命令である河川法施行令三八条一項の規定による納付の通知を受けて、旧水資源開発公団に交付される国の費用の一部として国に対し支出するものであって、

千葉県が治水上の利益を受けるか否かは、費用負担を命ずる国（国土交通大臣）の裁量判断に属するものであり、千葉県知事の裁量判断には属しておらず、千葉県知事の判断で同大臣の判断を一方的に覆すことはできない」。

②財務会計法規上の義務違反がないことについて「およそ行政処分が無効であるというためには、当該処分に重大かつ明白な瑕疵が存することを要し、瑕疵が重大かつ明白であるかどうかは、当該処分の外形上客観的に一見看取し得るものであるかどうかにより決せられるものである。控訴人が、千葉県には思川開発事業による治水上の利益はないと主張するからといって、思川開発事業に関する上記各計画やこれに基づく国土交通大臣の負担金の納付の通知等が当然違法無効とされることはあり得ることではなく、いわんや千葉県知事に納付を拒否しなければならない法的義務があるなどと言えないことは当然である。

本件で、千葉県知事は国土交通大臣の納付の通知等に拘束されるのであり、その変更がない限り、同通知等に記載された金額と同額の負担金を国庫に納付しなければならない。したがって、千葉県知事の本件負担金の国庫への納付は適法であって、財務会計法規上の義務違反が生じる余地はない」。

（控訴審の判決）（一部抜粋）

「控訴人は、千葉県は、水資源公団法施行令十六条に定める『利益を受ける』都道府県ではないので、治水負担金を負担する法的根拠はないし、また、千葉県に不当な治水負担金を課する国土交通大臣の行為は明らかに違法である旨主張するが、千葉県が治水上の利益を受けるか否かは、費用負担を命じる国（国土交通大臣）の裁量判断に属するものであって、千葉県知事の裁量判断には属しておらず、千葉県知事の判断で同大臣の判断を一方的に覆すことはできないし、国土交通大臣の上記判断が一見明白に違法なものであると認めることもできない」。

以上によれば、原判決は相当であって、控訴人の本件控訴は理由がないからこれを棄却することとして、主文の通り判決する。

（控訴審判決についてのコメント）

控訴審は二回で結審となった。第二回口頭弁論でまず、裁判所の構成が変わり、裁判長が交代したことを告げられた。控訴人及び被控訴人から準備書面が出され、控訴人が被控訴人に釈明を求めたが、裁判長は発言を遮り、「今日で弁論を終結する」といった。まだ被控訴人からの釈明が残っているので、「次回に釈明して欲しい」と申し出たが、裁判長は、「釈明については、それは判決に影響がないので、裁判所は取り次がない」と却下し、結審となった。

判決は、原判決の上書きに過ぎず、被控訴人の主張のみ取り上げ、控訴人の主張は全く無視された。「一見明白に違法なものであると認めることもできない」と判決文で述べているが、先行行為の違法性の有無について審議をせずに、どうしてこのような結論を導くことができるのか。「まだ最高裁がある」として、上告をした。

（上告理由書）

(1)憲法第九二条（地方自治の基本原則）違反

この訴訟は、憲法第九二条に基づいて制定された地方自治法の第二四二条に規定された住民監査請求前置の住民訴訟である。

一審、二審の判決は、地方自治の本旨に基づいた審議がなされず、立法の趣旨を無視し、最高裁判所の判例も無視している。

以下、日本国憲法と地方自治について、いくつかの論文を引用して見解を述べる。（略）

(2)憲法第三二条（裁判を受ける権利）違反

控訴審で、上告人は三点の釈明を求めたが、裁判長は、発言を遮り、一方的に結審した。上告人の釈明権の行使を認めなかったことは、国民の裁判を受ける権利を踏みにじるものである。

上告人はその後、「上告受理申立て理由書」を二度にわたって提出した。

（調書）最高裁判所第一小法廷（平成十九年三月二十二日）。

(1)本件上告を棄却する。

(2)本件を上告審として受理しない。

最高裁はなかった！

第4章　室瀬協議会のたたかいと挫折

廣田義一

突然のこと

私はその時、自治会の室瀬班の「連絡員」として、市役所からの連絡、文書の回覧などの仕事をしていた。一九九五（平成七）年、突然、南摩ダム問題が、自分たちの地域に重大な問題として降りかかってきた。

七月十二日夜、水資源開発公団思川開発建設所（以下公団という）の用地課長が来訪し、「近いうちに室瀬の人々にお話ししたいのでよろしく」といって帰った。

九月二十一日の夜に、「龍神様」（室瀬地区の氏子が信仰している神社であり、境内には室瀬地区の会合を行なう集会所がある）に公団の所長らがやって来て、室瀬班の班員（一名欠席）に、南摩ダムについての説明をした。主な内容は、ダムサイト、土捨て場および現場での作業道路予定地などであった。

十一月に入ると、「ダム先例地視察」として、福島県の摺上川《すりかみがわ》ダム（福島市飯阪町、工事中）、日中《にっちゅう》ダム（喜多方市、完成）に案内され、室瀬班からは一六名が参加した。

一九九七（平成九）年二月五日に、公団鹿沼事務所において、「南摩ダム設計変更等の説明会」があり、室瀬班の一二名が参加した。

四月一日の夕方、公団の用地課長が来て、県道の付け替えと洪水吐について自治会に説明をしたいので、室瀬地区の意向を尋ねられた。水没地区（中村地区、西ノ入地区）の用地調査が終了したので室瀬地区の調査を並行して実施したいような感触を受けた。

室瀬地区は水没地区ではないが、ダムが完成すると堰堤直下に位置する部落である。

室瀬協議会の結成

五月四日に室瀬地区の住民の懇談会を持った。話し合いははじめから「ダム反対」で、何か会を作るか、どんな会がいいか、そんな方向へ一直線に進み、協議会を結成することが直ぐに決まった。会の名称は「南摩ダム絶対反対室瀬協議会」（以下「室瀬協議会」という）となった。会長廣田義一、副会長川田晃一、奈良茂男という体制のもと、「ダム建設絶対反対」を表明することとした。また室瀬地区と同じように、ダム建設に反対している水没地区の梶又地区とも、ダム建設に対する疑問について話し合いをした。

五月二十日には室瀬協議会の会則と決議書を決め、六月十二日に、正副会長三名で、栃木県、鹿沼市、公団に決議書を提出した。

七月五日には「上南摩町第一自治会南摩ダム対策委員会」（以下「自治会対策委」という）で、梶又地区の役員を迎えての話し合いがあった。この会には室瀬協議会も招かれ、正副会長が出席した。梶又地区の役員からは、三十年余の反対運動の経過が報告され、名称変更（当初の絶対反対からの変更）後の運動方針等について聞いた。

家、宅地等々の補償要求をしたが、県への質問に対する回答は抽象的で要領を得なかった。

公団との話し合いに際しては、その内容の文書化は拒否されたという。室瀬の絶対反対運動についても、二年位の冷却期間を設けて様子を見るのではないか、といっていた。

七月十日に、鹿沼市の水源対策室長（以下「市対策室」という）が来て、「七月三十日に、中村、梶又、西ノ入、笹の越路の四地区（水没地区）の役員と鹿沼市長との懇談会があるので、室瀬地区からも出席して欲しい」と要請された。十五日に室瀬協議会の役員会を開き、今後も反対していくことを確認し、懇談会への不参加を決めた。

鹿沼市は、室瀬協議会に話し合いを求める一方、十月十三日には南摩ダムの「ダム指定」の手続きを行なっていた。十月二十八日には、笹之越路地区が「用地補償調査立ち入り協定」を結ぶなど、室瀬地区は、周辺からじわじわと締め付けられてきた。

これらの事態を受け、室瀬協議会は全員集会を開催し、協議会結成後の経過報告を行なった結果、①従来通り「ダム反対」の方向で行くこと、②公団に対しては、戸別交渉ではなく、協議会を通すように伝えること、③日本弁護士連合会公害対策環境保全委員会（以下日弁連という）の調査の申し入れを受け入れること、を決めた。

十一月十六日に、日弁連と思川開発事業に関する懇談会を持った。日弁連の参加者は、鈴木委員長、外井小部会長他一〇名であり、思川開発事業を考える流域の会（以下「流域の会」という）から五名、水没地区の梶又地区と笹の越路地区からも参加者があった。室瀬からの参加者は一一三名である。

日弁連の委員は、懇談会終了後ダム予定地を視察した。ＮＨＫ、朝日、毎日、下野、ラジオ栃木などの報道機関も取材に訪れ、視察の様子などについて報道してくれた。

日弁連の視察の翌日（十一月十七日）、鹿沼警察署の警備係長らが来て、「南摩ダム反対運動の中に共産党および過激派が入り込むとたいへんなので注意して欲しい。そのような団体や個人の情報を知らせて欲しい」といわれた。

これ以後も、集会やシンポジウム等の前後に、「何か変わったことはないですか」とよく尋ねてきた。警察は警備課の担当者一〇名（名刺）、警部補から巡査長まで。二人ないしは一人で。車は来る度替えて止まる場所も変えて。ダムに少しでも関わっていると思われる団体の集会は、「日時および会場」などもよく知っていた（私もそうしたことに関してはかなり神経を使った）。ある時は「今、鹿沼警察署の重点警備地域は『室瀬と松原団地』だ」といっていた。

公団（水機構）、水資源対策室（県、市）の担当者もよく来た。

外堀が埋められていく

年が改まった一九九八（平成十）年の二月十八日、「市対策室」と室瀬協議会との懇談会が行なわれた。この席で、市長の言動に対して不信感を抱いたこと、ダム調査に対しての疑問、ダム指定、水特法、水源地に対する基金のことや今までの経過についての疑問をぶちまけた。

三月九日には、社会民主党「思川開発調査団」の現地視察が行なわれ、懇談会がもたれた。現地視察の結果を踏まえて、三月十二日には、調査団長の保坂展人衆議院議員（現世田谷区長）が衆議院環境委員会で南摩ダムについての質問をした。

三月二十八日に、水没地区四会派が、「南摩ダム補償交渉委員会」を設立して総会を開き、ダム絶対反対から条件付きでのダム容認へと態度を変えた。

室瀬協議会は五月五日に総会を開催し、会の運営方針を審議し、「ダム絶対反対」の姿勢を継続することとした。細部については役員に一任することになった。

八月六日には、「市対策室」との懇談を行なった。市の収入役は、「市は地元の立場に立ってこれからも手助けをしたい。皆さんは情報を得た上で、それぞれが理解し、納得して、賛成か反対を決めてください。それは個人の問題です」と話した。しかし、私は、「このような懇談会を今後何度やっても、疑問は後から出てくると思う。我々は基本的に『ダム反対』であり、疑問は解けてもこの方針には変わりない。したがって、こうしたことを続けることの意味に疑問を持ってきた」と述べた。

室瀬地区の移転問題

九月二十八日には、公団の新しい所長が室瀬に挨拶に訪れた。

新所長は、「地質調査での洪水吐の右岸への変更の結果、室瀬地区の一一戸の移転が必要になった。室瀬地区とはいわゆる『ボタンの掛け違い』があり、公団と室瀬地区の間には大きな考えの隔たりがあるが、これからの話し合いへの場となることを望む」と挨拶した。

十一月二十三日に、小林守衆議院議員（民主党）の小林丈夫秘書から、「鹿沼市民が水問題を考える会を作りたいので、その予備的な話し合いをしたい」といわれた。この話し合いの結果、「鹿沼の清流を未来に手渡す会」（以下「手渡す会」という）が結成された。

十二月十三日には「手渡す会」の勉強会があり、高橋比呂志（鹿沼市職員）から、南摩ダムの経過説明と水収支について、石原政男（西大芦漁協組合長）から、東荒井川ダムの視察の説明と鬼怒川漁協、塩谷漁協の現況についての説明があり、洪水時にダム放流で底の冷たい水と泥でダム下流の魚はほとんどいなくなったという現状が報告された。

一九九九（平成十一）年二月二十日に、「自治会対策委」と室瀬協議会の懇談会があった。この話し合いの中で、自治会長からは、「室瀬ががっちりと反対しているうちは自治会は室瀬を応援する」という発言があった。

三月四日に自治会館で、公団が南摩ダムの洪水吐の模型で説明をしたが、私は、「今後、室瀬協議会の目的に添わない話し合いには応じない」と述べ、今後の話し合いを断った。三月二十一日には、「龍神様」の入り口に、「南摩ダム絶対反対」の看板を立てた。

六月十七日に、「自治会対策委」と「室瀬協議会」の役員との話し合いを持ったが、対策委員会は従来通りで室瀬地区への支援は変わらないといわれた。

六月二十五日に、公団から、「『思川開発事業検討会（仮称）』を設置するので参加して欲しい。

検討会は一年間に五、六回の予定で、結論は求めない」という提案があった。

六月二十八日に、「手渡す会」の山崎宗弥、中島健太、石原政男、廣田義一らが、福田昭夫今市市長（現民主党衆議院議員）を訪問して懇談し、東大芦川ダム、南摩ダム、今市の伏流水の状況について説明した。福田市長は、「『思川開発事業大谷川取水対策委員会』（市長の諮問機関）が平成十二年三月に答申を提出するので、それを受けて判断する」とのことだった。

七月九日に「室瀬協議会」で集会を開き、思川開発事業検討会（仮称）には参加しないことを決定した。

八月二十二日の「手渡す会」では、「東大芦川ダム建設白紙撤回を求める要望書」と「思川開発事業の中止を求める要望書」を提出するとともに、新聞折り込みチラシを入れることを決めた。

十二月十一日に、日本共産党の金子満広副委員長、芳田利雄鹿沼市議ら約三〇名が南摩ダム予定地を視察した。視察団は、建設予定地と伐採された山や梶又小学校を視察した後での懇談会で、「住民の反対で中止や休止になるダム建設も最近多くなっている。地域住民の強い反対の継続が必要だ」として協力を約束した。

二〇〇〇（平成十二）年二月二十日に、下流都県からの「ダムに反対し市民の水を守る会（仮称）」主催の見学会があり、バス三台（九〇名）という大規模な見学会であった。室瀬協議会では、今市取水地、行川ダム、黒川取水地、東大芦川ダム、大芦川取水地、南摩ダムの各予定地を案内した。

立木トラスト運動がはじまる

二〇〇〇年四月十三日には福田昭夫今市市長（当時）と「手渡す会」のメンバーが懇談し、水特法の準用や思川開発事業大谷川取水対策委員会の答申（調査報告）について説明を受けた。

五月六日の「流域の会」では、今市市の会員から「今市の水を守る会」の発足が報告された。鹿沼では東大芦川ダムの予定地で立木トラストをすることと、鹿沼市長選に新人の阿部和夫を推薦することが報告された。

六月十一日に行なわれた鹿沼市長選では、私たちが推薦した新人の阿部和夫が、ダム推進派の現職市長を破って鹿沼市長に当選した。

七月二十日に東大芦川ダム予定地で立木トラストの札掛けがあり、札掛けに参加した佐藤謙一郎衆議院議員（民主党）が、南摩ダム予定地と水没地区予定地、特に伐採地を視察した。

八月十五日に、「流域の会」「手渡す会」その他県内の住民運動の団体の代表ら約三〇名が、今市市役所で福田昭夫今市市長（当時）と約一時間ほど面会し、意見、要望などを述べた。

渡辺知事は、大谷川取水に反対する今市市に対して予算の締め付けを行ない兵糧攻めにしようとした。これに対して、福田昭夫市長は、近く行なわれる栃木県知事選挙に立候補することを決意した。

私たちは、福田昭夫の立候補にあたり、「思川開発事業の中止もしくは見直し」を要請したところ、福田市長は、「利根川水系全般の水を詳細に検討して総合的に判断する」と延べ、見直しを公約に入れることを約束した。

市民協議会の結成

二〇〇〇年九月十一日に、鹿沼市内の市民団体を統合して、新たに「ダム反対鹿沼市民協議会」（以下「市民協議会」という）を結成し、役員として代表山崎宗弥、副代表石原政男、室田栄一、廣田義一を選出した。その翌日には、「市民協議会」の会則を決めるとともに、「思川開発事業計画の中止を求める要望書」を自由民主党公共事業抜本見直し検討会に郵送し、「思川開発事業計画に関する公開質問書」を、関係する県南の二市八町に提出した。

九月二十八日に行なわれた鹿沼市助役と室瀬協議会の懇談会で、私は、「ダムサイトの重要な位置の室瀬に対して、公団、県、市は、三十年間も地元に説明をしなかったことに強い憤りを抱いている。それがなかったら、ダム事業はもっと変わった展開をしていただろう」と主張した。これに対して、市は、「振り出しに戻ってこれから室瀬地区と誠意を持って話し合っていきたい」と約束した。

これを受けて、十月三日に、新しく選ばれた阿部市長と室瀬協議会とで懇談会を持った。

私は、「南摩ダムも七月頃から急に新聞紙上に取り上げられるようになった。ダム事業に限らず、大規模な公共事業はその地域だけでなく広範な地域に影響を及ぼす。その影響はどこまで広がるか予想がつかない。その上、子々孫々にまで影響が及ばないとも限らない。この機会に、じっくり話し合って欲しい」と述べた。

市長は、「市長選におきましては皆様にたいへんお世話になりありがとうございました。公約でも申し上げたように、共に創り上げる市政をめざしていきます。ダム問題に関しても、市民フォーラムを開くなどして、市政を預かる者として取り組む」と挨拶した。

室瀬協議会からは、「ダム反対」「自然環境を壊すなど、計画自体が無茶だ」「ダムが中止になった時、県、市は水没地区にどのように補償するのか？」「水没地区が長い年月、ダムを容認していたわけではない。国がぐずぐずしていたため生活が混乱した」「『覚書』について現時点でどう考えているのか？」「ダム問題について鹿沼市民は知らなさすぎる」等の意見が出された。

これに対して、「市対策室」の回答は、以下の通りであった。「鹿沼からは従来以上の取水は一切認めない」「ダム補償の責任を負うのは国である」「市にはダム建設に賛成する地域と反対する地域があり、市が賛成、反対を言う立場にはない」「市は地元の意向を優先する。地元の考えを最大限考慮して国に要望する」「市民に対してもフォーラムを開き、ダムに対する認識を強める」「『覚書』は今も生きている。それを確認する」「市は公団に水没地区の生活再建を早くするようにとは言っていない」「ダム建設については、だらだらせずに早く決めて欲しい。外郭団体の声ではなく地元が主役であり、突出することは好ましくない」というような話だった。

この懇談会で問題にされた「覚書」というのは、一九六六（昭和四十一）年十二月五日に水資源開発公団総裁新藤武左エ門と鹿沼市長古沢俊一が、栃木県知事横川信夫の立ち会いの下で、南摩ダムの予備調査を実施するに当たって確認した文書である。「利根川水系の水資源開発事業として南摩ダムの建設を行う場合には地元関係者の承諾を得たる後実施するものとする」というものである。

栃木県知事選挙に勝利

十一月には応援していた福田昭夫今市市長が、ダム推進派の現職知事を破って栃木県知事に当選した。

十一月二十六日に鹿沼市で開かれた「思川開発事業を考える流域の会三周年記念集会」では、中村敦夫参議院議員（公共事業をチェックする議員の会会長）の講演があり、当選したばかりの福田昭夫栃木県知事も参加して祝辞を述べた。講演終了後、中村議員は、大谷川取水口、東大芦川ダム予定地、南摩ダム予定地を視察した。

二〇〇一（平成十三）年一月十一日に、福田昭夫知事が南摩ダム予定地を視察したうえで、上南摩町第一自治会館で、室瀬の地元民と面談し、室瀬地区の反対する理由の説明を求めた。

建設省と公団の主催する「思川開発事業検討会」について、「知事として継続するように働きかけるので、室瀬地区が加わりたいなら、県対策室を通じて申し込むように」と言われた。

一月二十八日には、「公共事業チェック議員の会」の国会議員六名が、南摩ダム予定地を視察した。「室瀬協議会」は、現地を案内するとともに、「ダム建設中止と水没地区住民の生活再建の要望書」を提出した。

一月三十日の「市民協議会」では、「ダム反対」の街頭宣伝と署名活動をすることを決め、「室瀬協議会」も参加を決めた。

二月七日に行なわれた「思川開発事業検討会」には、室瀬協議会会長として私が出席したが、傍聴は二名しか認められず、川田、奈良の両副会長が傍聴した。

街頭宣伝は七回行なわれ、署名は市内一万四四三一名、県内三六六七名、その他で最終的には二万二八七五名の署名が集まった。

三月八日に栃木県庁に行き、福田知事に、ダム反対の要望書とダム反対の署名簿を提出し、知事と二十分ほど面談した。三月十三日には阿部鹿沼市長に、ダム反対の要望書と署名簿を提出した。

六月十三日には、小林守議員の計らいで、「南摩ダム、東大芦川ダムの建設中止を求める要望書」を、「市民協議会」「流域の会」「野鳥の会栃木県支部」の連名で、国交省、環境省、厚労省、財務省に出向いて提出した。その際、各省との中央交渉を持った。

七月三十日の夕方、公団用地課の職員が来た。「所長が会長（私）と話がしたいといっているのでその日時を決めて欲しい」とのことだったので、「明日の午後五時半から六時の間に返事をする」と答えた。

ところが翌日の夕方、庭で除草をしていたところ、公団の所長と副所長がやってきた。「話が違う。今日は帰ってくれ」といったが、一方的に、南摩ダムの見直しについて説明を始めた。その内容は以下のようなものだった。

「奈良正男氏所有の山林のボウリング調査をしたのは説明不足だった」「国で水需要が決まると公団で新しい事業実施計画を作成する」「実施の結論だけでなく、全体の見直しをする際には、室瀬の意見も聞き、取り入れられるものは取り入れる」「同じ失敗(唐突に移転要求をした)は繰り返したくない」「一一戸については移転ありきではなく、見直しをしたい」「公団が説明に来たことを周知して欲しい」ということだった。

しかし、「こちらとしては『ダム建設につながる一切の話し合いには応じない』ということを確認している」という返答にとどめた。

十二月十四日には、「公共事業チェック議員の会」の仲介で、公団と中央交渉を行なった。

室瀬協議会の迷走はじまる

二〇〇二(平成十四)年一月二十日の室瀬協議会では、南摩ダム事業見直しによる事業計画の説明を聞くことになり、二月十七日に「龍神様」で公団の所長、副所長から以下のような説明を聞いた。

『思川開発事業の概要』は公団としてまとめただけで決定ではない」「二軒は移転、一軒は洪水吐きに極めて近いので協力を願いたい」「黒川、大芦川にも調査に入る」「地域整備事業については国で応援する」「ダム完成までに地域整備を完了する」「皆さんが希望するなら県や市に地域整備についての話をしてもよい」「付け替え道路はダム完成までには造る」「着工の定義は仮排水路トンネルの工事に入った時点である」「強制執行は法律的にはないとはいえないが、公団としては望んでいない」いうものであった。

公団の説明を受けて、二月二十三日に「龍神様」で「室瀬協議会」の話し合いを持った。反対の意見は従来通りだが、そのほかに、「水没地区で移転が始まり、この期に及んで反対を続けるのはどうか」「ダムが出来てしまったときに室瀬がどうなるのか。下流住民は現在、地域整備の話し合いをしている。取り残されないようにすべきだ」というような意見が出された。

この頃から、会を開く度に、ダムに対する考えに変化がはっきり表れてきた。

五月七日の「室瀬協議会」の総会でも、様々な意見が出された。

「他の団体とあまり一緒に活動しない方がいい」「何時の時点で方向転換をするのか」「八ッ場ダムも住民主体で建設に向かった」「方向転換は会長一人では出来ないだろうから、状況が変わった時にはまた臨時総会を開こう」というような意見が出された。「室瀬協議会からの離脱もあるかもしれない」という発言もあった。

私は、「一三人で結成した協議会だが、状況の変化で変わることもやむを得ない。私も最後まで絶対反対で頑張るとは断言は出来ない。しかし今皆さんに離れられるということは『はしごをはずされる』ことになる。これは何ともいいようのない気持ちだ」と述べた。

七月七日の「室瀬協議会」の全員集会では、南摩ダムの現状をどう考えているのかという話し合いの中で、「県や市の担当者から説明を聞きたい」という意見が出た。これを受けて、説明会を開くことに決定し、七月二十一日に、県および市の担当者から、地域整備についての説明を聞き、それをもとに話し合うことにした。

自治会も「南摩ダム建設反対」を白紙撤回

七月に入ると間もなく、上南摩町第一自治会の回覧板が回ってきた。回覧板には、臨時総会とあった。「今頃何で……?」といぶかしく思ったが、その総会は、自治会で決議されている南摩ダム建設反対の白紙撤回を求める総会であったのだ。

臨時総会の議事は混乱して、記憶があまり定かではないが、はじめは地域整備事業に関することの説明だったと思う。しかし、ダム反対の立場では、地域整備の話に入れない。

そこで私は発言した。「地域整備事業と引替えにダム建設を受け入れることになる。ダム建設の是非を全然話し合っていないではないか。ダム建設の是非を考えるにはまず、『水に不足している地域がどのくらいあり、その量はどのくらいか? あるいは洪水で被害に遭っている地域は何処か? そして被害額は……』という点から始めなければ」と。その時だったと思う。「そんな細かい話はいらない。ダムを造ることに賛成か反対か。賛成なら賛成、反対なら反対で余計なことは言わなくていいんだ！」という声が上がった。会場には怒号が飛び交い、ケンカ腰で、罵声というか怒声で威嚇されたが、その後、会場はしばし沈黙に包まれた。そして採決に入った。

これまた地域としては重大な問題を、議長は「採決は拍手でお願いします」といい、「白紙撤回に賛成の人は拍手でお願いします」として採決された。自分の周囲の人の賛否も分からないような採決で、これが熟議に熟議を重ねた臨時総会といえるのだろうか？

この臨時総会で、上南摩町第一自治会は「南摩ダム建設反対」を白紙撤回した。

「室瀬協議会」の分裂そしてダム容認に

七月二十八日の「室瀬協議会」の集まりでは、赤羽根良室瀬地区選出自治会ダム対策委員より、上南摩町第一自治会での南摩ダム関係の報告を受けた。自治会は「南摩ダム建設反対」を白紙撤回したということだった。

この報告を受けて話し合いを行ない、九対三で、「室瀬協議会」の会則の見直しを行なうための臨時総会の開催が決定された。

八月四日の「室瀬協議会」の臨時総会では、会則の第一条「南摩ダム絶対反対」、第二条「ダム建設阻止」の見直しを諮り、挙手による採決を行なった。結果は見直し賛成一〇票、反対二票（奈良茂男、奈良隆）であった。私は臨時総会の議長として採決に加わらなかったが、これまでの流れで私の反対は明確と大部分の人は思っていると思う。

採決の結果を受け、私は会長を辞任し、「室瀬協議会」から脱会した。奈良茂男副会長もその場で辞任し脱会、奈良金作も脱会した。「南摩ダム絶対反対室瀬協議会」は五年余で瓦解した。

私たちが脱会した後の「室瀬協議会」は、自治会と同じくその方針を、「ダム反対」から「ダム容認」へと変えた。

この態度の変化には、地域整備を巡る問題がある。地元としては、地域整備が欲しい。しかし、県、市、水資源機構には、「ダム反対をしている団体とは同じテーブルには付けない」という鉄則がある。

自治会がダム建設反対を白紙撤回した後、室瀬地区でも、集会のたびに、地域整備の話が出た。ダム湖に一番近く影響が大きいのに、このままでは取り残されてしまうという焦りがあったのだろう。

自治会と「室瀬協議会」をダム容認に向かわせた背後には、水資源機構のノーハウがあるのかもしれない。ダム湖から遠い地域から甘い補償話をちらつかせ、その話を聞いた周辺地区住民を焦らせ、態度を変えさせるのだ。それをその土地、土地で様子を見ながら、何処でもその組み合わせで地元を切り崩しているのだと思う。また地元にもそれを助長させるような土壌があるのだろう。

この地域では、かつては、林業政策の一環で植林が行なわれていたが、木材価格の低下から、次第に山林から関心が失われていった。そこに起こったのがダム問題だったのだ。

水没地区の住民の移転地域も近く、彼らは皆、立派な家を構えていた。そうした状況が、室瀬地区の住民の意識を変えたとしても不思議ではない。

人の心は？

「南摩ダム絶対反対室瀬協議会」の生みの親は何故考えが変わったのか。あの時の意気込みは一体どうなってしまったのか。

「室瀬協議会」が会則を改正して「絶対反対」と「ダム建設阻止」の削除を決定した翌日、私はその本人である御地合《おちあい》幸雄さん（故人）を訪ね、昨夜の件を話し、考えを聞いた。彼は「あー言う考えの人とは一緒にはやっていけない」それだけで他は何一つ言わない。

大勢の中ではいろいろな考えがあるのは当たり前だ。なかなか結論のでないこともそう珍しいことではない。議論の末に妥協し合ってはじめて全員が何とかいい方向を見出していくことがベストだと思う。御地合さんの奥さん、お母さんが二〇〇二（平成十四）年の初め頃だったと思うが、こんなことを複数回、話していたことがある。「普守（幸雄さんの息子さんで市役所勤務）は最近、ダムのことでいろんなことをいわれているようだ」と。市役所内か外かは不明だが、気になる話だ。

自治会の臨時総会で暴言ともいえる発言をした人は、南摩ダム水没地区にかなりの山林を所有していると聞いている。水没地区に土地を所有している人の多くはみな、同じような考えだと思われる。身近な室瀬地区を見渡せばそれはもっとはっきりしているようだ。

ダム建設に賛成して補償金をもらった方がいい。しかし金ほしさでダム賛成とは言いにくい。そこに地域整備事業の話（平成十四年初め頃から）が出るようになった。それを攻めていくことは戦略的には最もいい。上南摩町第一自治会もその手法で白紙撤回させた。室瀬も全く同じだ。

ダムに反対か賛成かは取引か

ダム建設の是非についてという根源的な問題を、「室瀬協議会」では一度も話し合ったことはなかった。なかなかそこまで辿り着くことが出来なかった。それは協議会発足当初から、県、市、水資源開発公団（後の水資源機構）からの文書に振り回されて、それに対応するのみで、陳情書とか要望書、抗議文等そんな類のことでほとんどが終わっていた。

一度、それからの脱却を期待して、「一年に一度は『思川開発事業を考える流域の会』や『ダム反対鹿沼市民協議会』の会合、事業に参加すること」として全会員の了解を取ったことがあった。平成十二年五月二十一日のことだ。しかし結果は思わしくなかった。

「室瀬協議会」だけではどうしてもダム建設の是非を話し合うのに必要な資料も不足している。したがって水を必要としている人がどの地域に何人くらい住んでいるのか？　それに対して水は現在どの程度確保されているのか。あるいは洪水の被害が何処にどの程度あった、とか数値的な資料が皆無に等しい状況だった。それを解消するには、会として加入している上記の二つの団体の会合に参加することが一番手短だと考えた。そして南摩ダムにおける適正な判断を期待した。

ダムによって、自分（地域）に利益になるか不利益になるか、これまでのことを考えてみると明らかだ。公益性など爪の先ほども頭にないようだ。日本全国でいま建設中のダム、建設されようとしているダム、その中にいま、私が感じたようなダムはないのだろうか、疑いたくなってしまう。

ダム完成まで基準外工事を続けるのか？

政権が交代し、「コンクリートから人へ」をマニフェストに掲げた民主党政権は、ダム事業の凍結を決めた。

南摩ダムも、凍結して二年余経過しているのにも関わらず、次から次と別なところで、様々な業者が工事をしている。水資源機構に何回となく聞いた。すると答えは何時も同じで、「基準外の工事でやっている」と紋切り型の返事が返ってくる。私の方も「南摩ダムが完成するまで『基準外工事』ですか」と聞き返す。全く分からない。三月半ばになりどうにか凍結らしい感じがしてきた状態だ。

「ダム建設反対運動をやっていても本当にダムは止まるんだろうか?」という声を幾度も聞いた。このような質問を繰り返す人々の多くは、次第に運動から離れていった。

いまなすべきこと

車で通ってみるかぎり、第一号トンネル(最上流部)が間もなく完成のようで、第四号トンネルは完了し、残る二号、三号トンネルは未着工。橋は六号と八号は完了と思われる。残る一、二、三、四、五、七号は未着工と思われる。

二〇一一(平成二十三)年十月現在、全然改良工事の済んでいない県道は、ダム予定地上下の約五~六〇〇メートル、合志濁橋付近約二〇〇メートル、梶又小学校のあった付近約二〇〇メートルの合計約一キロメートル程度である。これでダム建設が中止になっても、周辺住民にはほとんど影響はないだろう。未改良部分の一キロメートルを改良部分と同様にすれば、鹿沼市内の県道は(山間部を除くと)すべて、片側一車線となる。付け替え県道工事の中止で、将来、事故等が起こる可能性があると考えて、難癖を言い出すかもしれないが。

しかし、最も現実的なことは、〝事業中止〟、これ以外ない。

第5章

思川開発事業訴訟の原告として

小竹森正次

反対運動に参加を決める

十六、七年前のある日のことである。旧制中学校の先輩の山崎宗弥氏（故人）が私宅を訪れた。「いま鹿沼ではダム建設という自然破壊問題がある。自然環境に関心のあるお前ならどうする」といわれ、東大芦川ダム、南摩ダム問題の不当性を聞かせてくれた。早速、山崎宗弥氏の主催する市民団体の会合に出てその全容を知り、反対運動に参加することを決めた。

当時、東大芦川ダム関連の地元反対者は石原政男（西大芦漁業組合組合長）、大貫林治（地元地権者・山林地主）、竹沢正之らで、南摩ダム関連では廣田義一、奈良金作、奈良茂夫等が参加していた。

鹿沼市からは室田栄一（ダム反対鹿沼協議会会長）、高橋比呂志（鹿沼市職員）、山家茂樹、小野彰文（内科医）らが参加していた。

鹿沼市選出の県議会議員は与野党全員がダム推進派で、われわれの不信感は募るばかりだった。

福田昭夫今市市長（現民主党衆議院議員）は大谷川取水に猛反対をしていたが、二〇〇〇年六月にダム反対の市民団体が推して当選した阿部和夫鹿沼市長は推進派に転じていた。

そんな折、栃木県からの予算の締め付けに反発した福田昭夫今市市長は、二〇〇〇（平成十二）年十一月に行なわれる栃木県知事選挙に出馬する決心をした。

写真 4-2-1　森林が伐採された水没予定地

私は、ダム建設中止を掲げ、県内の知り合いに、福田昭夫候補に対する力の限りの応援を頼んで歩いた。結果は、県民無党派の勝利となり、福田昭夫知事が誕生した。

福田知事の誕生により、今市市の大谷川からの取水は中止となり、鹿沼市の大芦川と黒川の二河川からの取水に変更になり、南摩ダムの規模は半減され、今市市での反対運動は収束し、鹿沼市での反対運動のみとなった。

取水地区・板荷に反対運動を立ち上げる

これから何をなすべきかを考え、鹿沼市民の思いを県政に反映させるべく、署名運動をはじめようと思った。約三カ月の署名運動の結果、市民有権者の半数にあたる四万名の署名を集め、福田昭夫栃木県知事と阿部和夫鹿沼市長に提出した。

署名運動には多くの仲間が参加したが、中でも特筆すべきは、鹿沼から埼玉の勤務先まで車で通勤していた山家茂樹の活躍である。彼は、帰宅後毎晩、さらに休日も署名集めに奔走し、全署名の約二〇%強を独りで集めた。

福田知事誕生により、思川開発事業の補完ダムである東大芦川ダムの中止が現実味を帯びてきた。東大芦川ダムの計画が消えれば思川開発事業は中止できるとの思いから、東大芦川ダム反対の大貫林治らと、県職員の現地立ち入り阻止の実力行使にも参加した。

東大芦川ダムは、福田昭夫知事の決断で中止となったが、南摩ダムについては、阿部和夫鹿沼市長が取水地区二カ所（大芦川引田、黒川板荷）の自治会に有利な見返りを提示して、南摩ダムの推進を図っていた。黒川板荷地区では「黒川取水対策協議会」を自治会の傘下に作り、各自治会を通じて地区住民への根回しを進めていた。

私は、導水管始発地区の板荷地区に反対運動の団体を立ち上げる決意をし、板荷地区行脚をはじめた。来る日も来る日も理解してくれる人の伝手を尋ねて、一年の半分は板荷通いの日が続いた。全く知らない地域で知らない人と話をする試行錯誤の繰り返しだったが、しかし熱意はいつかは通じるもので、次第に、私の話を聞いてくれる地区住民に会えるようになり、その人達の伝手で数人の理解者に会うことができた。こうして知り合った人達が、後に結成された、現在の「黒川の水を守る会」の役員の主たるメンバーである。

私はまず、南摩ダム反対の話は二の次とし、導水管取水による地区の水涸れを強調して、地

写真 4-2-2　水没予定地区。2004 年 12 月藤原信写す。

区住民の全員に水の危機を浸透させることにした。そこで私は、「思川開発費業を考える流域の会」の事務局の葛谷理子の紹介で神奈川の宮が瀬ダムの見学に行った。見学は、「黒川の水を守る会」の会員の他、鹿沼から高橋比呂志、山家茂樹が、大芦川からは大貫林治が、南摩からは廣田義一が参加して、総勢四〇名に膨らんだ。

宮が瀬ダムの現地・津久井町では、現地の小室敬二さんに一日がかりで懇切丁寧な案内をしてもらった。「百聞は一見に如かず」でまさしく衝撃的だった。宮が瀬ダム見学の話しは板荷地区内にたちまち広がり、地区のどこでも取水反対の空気が広がり、地区内の十数カ所に取水反対の立て看板が立てられ、一気に「黒川の水を守る会」への入会者が拡大し、地区の七〇％にあたる三五〇戸あまりを反対者で占めることになった。

しかし、鹿沼市の阿部市長は話し合いにも応じようともせず、影で自治会長を手なずけて地区住民の切り崩しを繰り返し、後に私達の手で佐藤信市長を誕生させるまでの八年間の攻防が続いた。

市民運動の仲間について

ここで、私とともに、ダム中止運動にかかわった仲間について紹介したい。

「黒川の水を守る会」の木村幹夫会長は、板荷のため、黒川の自然を守るため、地区の行政関係の要職（黒川取水対策協議会副会長）など、すべての役職を捨てて、私の説得に応えてくれた貴重な人である。現在もご夫婦で原告となっている。野中一男（「黒川の水を守る会」事務局長・原告）は地区の役を一手に引き受け切り盛りする土地の顔役であり、信用のある人である。毅然として信念を曲げない、運動の大きな助けになる人である。野中の親友の鈴木広四（原告）は頑固者で度胸の据わった人であり、このほか小池誠、船生性一、阿部徳一、江田守の他十数人の役員が板荷の運動を支えている。さらに、黒川下流の菊沢地区にも私達の運動に協力してくれる金田道夫他多くの協力者がいる。

「鹿沼市民ダム反対協議会」の事務局には鋭い目線で判断する高橋比呂志という頑固者の正義漢がいる。鹿沼市役所の職員でありながら、市長、市議を堂々と批判、告発をする姿勢は、私には貴重な刺激となっている。室田栄一（前「ダム反対鹿沼市民協議会」会長）は超頑固者で、九十歳の今でも運動を支えてくれている。時には、大芦川ダム阻止に身体を張った大貫林治との三人で昔語りをしている。

生まれ育った鹿沼市の変わらぬ自然

いま我が家からは日光連山や横根山などが見える。子どもの頃から慣れ親しんだ自然の風景の中に、ダム建設という不都合な計画が出てくるとは思いもよらなかった。五十数年前、通称東沢の白井平の大貫参郎（大貫林治の祖父）の案内で、当地の萱《かや》の手《て》、蕗平《ふきだいら》で、イワナ釣りをした想い出がある。この頃の蕗平は、数軒の民家が風情を添え、ツキノワグマが出て当然の、今よりさらに美しいところだった。通称西沢、一の鳥居から古峰ヶ原の流れには上空にオオタカ、クマタカが舞い、まさしく前日光の究極の清流であった。下流にあるダム取水口予定地付近の引田、片の道、これこそ美しい渓流の典型で、山女魚、遡上鮎、遡上鰻の宝庫だった。

さらに山一つ東の黒川。この川も水量こそ大芦川より少ないが、その流れは上流の日光にいたるまで、大芦川に劣らぬ絶景の連続である。このすばらしい景観を目にしたなら、自然の豊かな鹿沼の素晴らしさが実感できると思う。

南摩川と思川本流の合流地点のさらに下流で大芦川が合流する。深程の出合と呼ばれるこの合流地点より下流を、地元では小倉川（現在は思川）と言い、小倉川は西方、金崎、都賀家中《つがいえなか》を流れ、まもなく鹿沼市内と壬生町を流れた黒川と合流する。栃木市大行寺でこれから下流を本来「思川」と称したのである。これらの川の流量は昔より幾分少なくなっているが、その姿は昔とあまり変わらない。

どの川も、南摩ダムの犠牲にはしたくないという思いである。

鹿沼市長選を巡る戦い

二〇〇四（平成十六）年五月に鹿沼市長選が行なわれた。

私は、前年の衆議院議員選挙に落選していた小林守前衆議院議員を鹿沼市長に当選させて南摩ダム建設を中止させ、鹿沼市の財政悪化を防止しようと考えた。当人の了解も得たので、鹿沼市の市民団体と相談したところ、全面的に協力すると言うことになり、「鹿沼を変えよう市民の会」を結成し、三カ月間の運動が始まった。この過程で多くの人から入会希望が寄せられ、カンパもいただくなど、多くの市民の「鹿沼を変えよう」という思いが伝わってきた。

しかし、選挙の直前になって、小林前議員は出馬を取りやめると表明し、その結果、一転して「無風選挙」になった。不出馬の代わりに小林前議員が得たものは、ダム建設を推進する阿部市長の下での鹿沼市の教育長の地位であった。

結果的に私が騙されたのかもしれないが、改革を求めた市民を落胆させた。マスコミ、特に朝日新聞、下野新聞は、小林不出馬を連日批判し、私も少し救われた思いである。

二期目となった阿部市政は、まるで水資源機構の代理店に成り下がったようであった。ダム予定地である西沢地区自治会は、水資源機構の援助を受け、水特法の適用を狙ってダム支援団体となった。南摩ダム水没者は、補償額の吊り上げにとどまらず、根拠不明の手厚いお金が配られ、一戸一千万円に近い多額の生活助成金、水没者団体には研修名目の領収書なしの温泉旅行等、年間一千万円を超える意味不明の研修費が数年間に亘って配られた。

鹿沼市政は、南摩ダム建設という、ハンドルもない、ブレーキの効かない欠陥車に乗ってしまい、今更降りられないという状態であったといえよう。さらに悪いことに、二〇〇四年十一月の栃木県知事選挙で、福田昭夫は落選し、栃木県は再び、ダム推進派となった。

このような時、ダム反対の信念を持ち続ける福田昭夫が、栃木二区（鹿沼市、旧今市市を含む日光市が選挙区）から衆議院議員選挙に立候補することになった。私たちダム反対派は、多くの仲間とともに全力を挙げて応援をした結果、見事当選し、国会議員として、いまでも、南摩ダム建設中止のために力を尽くしている。

二〇〇八（平成二十）年四月、南摩ダム建設を推進する阿部市政の三期目続投を阻止するため、「黒川の水を守る会」として、鹿沼市長選挙では、市長選立候補予定者の佐藤信県議会議員（民主党）と政策協定を行なった。

政策協定を結ぶに際して、佐藤候補から、今後のダムに対する考えを聞き、以下のような政策協定を行なった。「過去に今市市長時代の福田昭夫氏の『今市の水はやれない』を、今一度あなたの英断で鹿沼でもやりませんか。これが一番の財政安定の近道です。鹿沼には市民の水は十分ありますが、霞ヶ関の天下り、自民建設族への付き合いで分ける無駄な水はありませんと、首長の権限で開き直りも必要でしょう。重ねてお願いしたい。環境破壊、財政悪化最大の元凶は、参加自治体、県南部の何処にも全く役立たずの『ムダ南摩ダム』です。財政硬直、借金がこれ以上増えないうちに決断して下さい」。

われわれの要請を受けて、四月二十六日に、候補者である佐藤信と「選挙公約として、南摩ダム水、不使用宣言」を協定し、われわれは、選挙の全面支援を約束した。

鹿沼市長選に勝利して

当選した後は、なるべく公約に関わりたくないというのが多くの政治家の姿勢である。現に、選挙向けのマニフェストを掲げて衆議院選挙を戦った民主党を見ても明らかである。

鹿沼市長選挙に当たり、私たちはこの点を考えて、鹿沼の水問題について、私達が推薦する候補者の考えを広く市民に知ってもらうため、五月十六日に、「鹿沼市長選候補予定者・佐藤信氏に政策を聞く」という集会を開催した。

来賓として参加した福田昭夫衆議院議員は、その場で声高に、南摩ダム不要論、環境破壊論、鹿沼市の財政悪化論について語った。そして、佐藤候補と私たちが交わした「ダム水不使用論」にも言及した。佐藤候補も、政策の所信表明演説の中で、私達との間で交わした「ダム水不使用」の公約を公表した。以後、選挙中だけでなく、当選後も、各所の会合で政策協定について明らかにしている。

二〇〇八年五月二十五日に行なわれた鹿沼市長選挙では、前々回の選挙で私たち（ダム反対派）の推薦を受けながら、当選後、南摩ダム建設を推進し、前回の選挙で市民を裏切って無風選挙で再選した阿部市長に対して、ダム建設に慎重な佐藤信県会議員（民主党）を立てて選挙戦を戦った。

選挙の結果は、佐藤信県議がダブルスコア以上の大差で圧勝し、現職を破って鹿沼市長に当選した。

二〇一二年五月には鹿沼市長選がある。佐藤市長も再選を目指すことになるので、私達は、一期目での「ダム水不使用論」を、二期目にはもっと具体的な提案として「南摩ダム不参加宣言」にすることを要求していこうと思う。

第6章　宇都宮地方裁判所における訴訟

南摩ダム建設差し止めで住民訴訟

思川開発事業（南摩ダム）、八ッ場ダム、渡良瀬遊水池（第二貯水池）、霞ヶ浦導水事業など、首都圏のダムの建設事業について、各地で反対運動が盛り上がっていたが、二〇〇四（平成十六）年三月一日に、「首都圏のダム問題を考える市民と議員の会」（代表・藤原信）に対して、「全国市民オンブズマン」より、「八ッ場ダムの建設費差し止めについて一緒に行動しよう」という申し入れがあり、事務局間で話し合いの結果、七月二十五日に「八ッ場ダムをストップさせる市民連絡会」（代表・嶋津暉之。以下「市民連絡会」という）を結成し、九月十日に、一都五県で、一斉に住民監査請求を提起することになった（第三章第一節参照）。

「思川開発事業を考える流域の会」（以下「流域の会」という）は、九月四日の第八十五回定例会で、「市民連絡会」の統一行動に参加し、住民監査請求、住民訴訟に踏み切ることを確認した。栃木県の場合、八ッ場ダムとの関わりは少なく、むしろダム問題としては、これまで、南摩ダムと湯西川ダムの二つのダムに反対してきた経緯がある。「流域の会」は「市民オンブズパーソン栃木」（以下「オンブズ栃木」という）と協力して、思川開発事業、湯西川ダム、八ッ場ダムを対象に、事業費の支出差し止め請求をすることにした。

「流域の会」は直ちに行動を開始し、監査請求人への参加を呼びかけて、一五七名（宇都宮市民四八名、鹿沼市民三七名、小山市民三二名、その他県民四〇名）の監査請求人を集め、九月十日に、南摩ダム、湯西川ダム、八ッ場ダムについては栃木県監査委員に、湯西川ダムに関しては、宇都宮市監査委員に監査請求を行なった。

「流域の会」事務局は、九月二十四日の「オンブズ栃木」の定例会に出席し、ダム訴訟の組織についての話し合いをした。栃木県は、八ッ場ダム、南摩ダムと湯西川ダムも合わせた三ダムの差し止めをするので、名称を「ムダなダムをストップさせる栃木の会」（以下「栃木の会」とする）とすることとし、「オンブズ栃木」を中核団体とし、「流域の会」も協力することになった。

栃木県監査委員は、十月十四日に、「地方自治法第二四二条に規定する住民監査請求の要件を具備していない」として請求を却下した。宇都宮市監査委員も、十月十五日に、同様の理由で却下した。

住民監査請求が却下されたので、三十日以内に住民訴訟に踏み切ることになった。以来、七年を超えたいまになっても、「流域の会」は「栃木の会」の賛同団体として、裁判闘争に取り組んでいる。

十一月四日に、「栃木の会」の総会を開催し、原告団を結成し、十一月九日に、栃木県知事と宇都宮市長を相手に、宇都宮地方裁判所に行政訴訟を提起した。栃木県知事に対する訴訟の原告は、一団体（市民オンブズパーソン栃木）と個人二二名、宇都宮市長に対する訴訟の原告は一団体（同上）と個人二名である。

訴状によれば、思川開発事業（南摩ダム）は、利水上も治水上も利益はないので、この事業に関して、栃木県が思川開発事業の建設負担金等を負担し、支出することは、地方財政法の禁止する違法な財務会計行為にあたり、また地方自治法にも違反する行為であるので、各負担金の支出を差し止める、というものである。

第一回口頭弁論

二〇〇五（平成十七）年一月二十七日に、「栃木の会」が提訴した裁判の第一回口頭弁論が宇都宮地方裁判所で開かれた。

第一回の口頭弁論は、三〇人の傍聴席が満席となった。訴訟代理人の大木一俊弁護士の話では、「通常なら書面陳述となるのだが、原告団が多い裁判なので、直接、意見陳述が認められた」とのことで、四人の原告の陳述が行なわれた。

最初の陳述は、「流域の会」の伊藤武晴事務局長で、思川開発事業（南摩ダム）の問題点を指摘した（以下「抜粋」）。

「①南摩ダムは水収支が成り立たないムダなダム（ダムが予定されている南摩川は子供でも飛び越せるような小さな川で水があまり貯まりません。十分な水が得られない、渇水時には役に立たないムダなダムです）、②ダム建設による自然破壊、③災害の危機、④巨額な費用負担、⑤事業の不必要性、⑥南摩ダムの治水について（思川下流の洪水基準地点・乙女地点の流域面積は七六〇平方キロありますが、南摩ダムの流域面積はおよそ一二平方キロと、その一・六％に過ぎず、水害を防止する効果はほとんど期待できません。そもそも思川の洪水は下流の渡良瀬遊水池で全て調整され、利根川本川には影響を及ぼさない計画になっており、栃木県が治水費用を負担する理由はないはずです）。以上のように、思川開発事業は栃木県にとってのみならず、水余り状況、人口減少の到来等を考えれば首都圏にとっても不必要な事業と言えます」。

二番目は、「黒川の水を守る会」の木村幹夫会長である。

「私たちが、黒川からの取水に反対するのは次の理由によります。

①水量の少ない黒川からなぜ取水するのか理解できない。取水を強行すれば、黒川の水量は減り、家庭からの雑排水のため、水質の悪化が懸念され、さらには黒川の生態系を悪化させます。②取水によって、板荷地区は、久保田堀等、農業用水に影響の出る可能性があります。③取水による導水管の埋設に係る工事のために、地下水の水脈に異常が起こる恐れが考えられるのに、これに対する対策がありません。裁判所に対して、是非、現地を見ていただくことを要請し、私の陳述を終わります」と結んだ。

三番手の「南摩ダム絶対反対室瀬協議会」の廣田義一会長は、「私は、南摩ダム建設予定地の真下の室瀬地区に住んでいます。事業内容が変わる度、移転戸数も四戸から一一戸、更に三戸と変わりました。私たち住民にとって、移転対象になるかどうかということは、生活基盤を根底から変えてしまうものであり、どれほど重大なことか、言葉では言い表せないほどです。事業内容が変わる都度、私たち住民の気持ちは大きく揺れ動き、翻弄され続けてきました。いい加減なことで『ダムの必要性』が作り出され、それによって水源地の私たちの生活や運命がもてあそばれ、苦しみ悩み続けなければならないかと思うと無念の極みです」と訴えた。

最後は、「南摩ダム絶対反対室瀬協議会」の奈良茂男副会長で、「ダム建設が現実味を増し、三十余年、反対していた水没地区が賛成に変わって、個々の住宅移転が済み、水資源機構の矛先は私たち予定地直下に向けられました。建設賛成者の土地の有効利用が反対者のためにできない、といった心理的攻勢など水資源機構の百戦錬磨の手法の前に、今まで平穏だった生活共同体に亀裂が生じ、人間関係がギクシャクするようになってしまいました。私たちには、この豊かな自然を後の世に引き継いでいく大切な義務があるのです」と陳述した。

陳述にはパワーポイントが使用された。

準備書面十一より（抜粋）

水の貯まらない南摩ダム

(1)　南摩ダムの特異な点

思川開発事業の南摩ダムは、一般のダム計画とは大きく異なるところがある。一般のダムは、ダム建設地点を流れる河川の豊水時の水を貯水し、渇水時にその下流に対して流量の不足分を補給する。ところが、南摩ダムの場合、南摩川（思川支流）は地形面では五〇〇〇万立方米から一億立方米の水を貯留できるダムの適地があるが、流域面積がわずか十二・四平方キロしかないため、流量が乏しく、小川のような河川であり、南摩川だけでは、とても水が貯まらない。そこで、変更前の思川開発計画では二〇キロも離れ、水系も異なるけれども、流量が大きい大谷川（鬼怒川支流）から導水して南摩ダムに貯留する計画になっていた。そのほかに思川支流の黒川、大芦川等からも導水することになっていた。流量があまりにも少ない川にダムを無理矢理造るための苦肉の策であった、

大谷川取水に反対する今市の市民運動により立ち往生した建設省と水資源開発公団は、大谷川からの取水を断念した。しかし、思川開発計画を何としても進めたい国土交通省は、南摩ダムの総貯水容量を当初計画の一億一〇〇万トンからその半分の五一〇〇万トンに減らし、取水する河川を黒川と大芦川だけにする計画を新たに策定して、二〇〇二年に計画を変更した。しかし、ダムの運用を行なえば、ダムが空または空に近い状態が続出することは必至である。

(2)　総括

①最近の流況について検証するため、原告側が、国土交通省と同じ手法で、一九八四年〜二〇〇二年の十九年間について南摩ダムの運用計算を行なったところ、貯水量がゼロになる年が十四年もあって、貯水率五％未満の総延べ日数は一五六七日、四年三カ月にもなり、計画通りのダム運用が到底困難であることが明らかになった。

②以上のように、思川開発の利水計画がきわめてずさんなものであって、実際には成立し

ないものであり、しかも、栃木県はそのことを、「思川開発事業を考える流域の会」から指摘を受けて、十分に認識していたのであるから、そのように無意味な水源開発計画に栃木県が参加してその費用を負担することが違法であることは明らかである。

準備書面十三より（抜粋）

本準備書面では、国土交通省が公表している利根川・思川の治水計画上、「南摩ダム地点の計画流入量毎秒一三〇トンのうち一二五トンの洪水調節を行なうことにより、南摩ダム下流の思川沿岸地域および利根川本川の中・下流地域の洪水被害の軽減を図る」との南摩ダムの治水効果は、極めて微々たるものに過ぎないばかりか、その根拠も薄弱なうえ、この治水計画の前提となった思川・乙女地点の基本高水流量毎秒四〇〇〇トンは極めて過大であって、科学的方法によって定めた場合には、毎秒三一三〇トン程度になるので、南摩ダムをはじめとする思川ダム群が不要であることは明白であり、南摩ダムは、河川法三条二項にいう「公利の推進」「公害の除去」の効用を有さない、河川法違反の施設であることを明らかにする。

思川・乙女地点および利根川・栗橋地点の計画高水流量に対する南摩ダム効果量の比を求めると、それぞれ一・八％、〇・三％であり、南摩ダムが思川および利根川に対して微々たる治水効果しかもたないことは明らかである。

流域面積の割合を見ると、南摩ダム予定地は思川・乙女地点と利根川・栗橋地点に対して、それぞれ一・六％、〇・一四％を占めるに過ぎない。この極めて小さい割合を見れば、思川および利根川に対して微々たる治水効果しか持たないのは当然の結果である。

思川水系の治水計画では思川ダム群として合計二七四〇万トンの治水容量を確保することになっている。しかし、そのうち、具体的に計画されているのは、南摩ダムの五〇〇万トンしかない。残りの二二四〇万トンについてのダム計画はなく、ダム計画を策定する動きもない。思川水系においては過去に南摩ダムのほかに行川ダムと東大芦川ダムの計画があった。前者は水資源機構のダムで、旧思川開発計画の一部を構成していたが、二〇〇〇年度の思川開発計画の規模縮小に伴って中止になった。後者は栃木県の県営ダムとして計画されていたが、必要性がないとして二〇〇二年度に中止されている。このように、国の治水計画は、具体性のない思川ダム群の建設を前提として計算されているのであるから、合理的根拠を欠き無効だと言わざるをえない。

計算方法にも基本的な問題がある。第一は、百年に一回の降雨量を過去の洪水に当てはめて引き伸ばし計算を行なう際に使う洪水流出計算モデルの精度の問題である。第二の問題は、引き延ばし率（計画降雨量÷実績降雨量）の上限を設けることなく、引き伸ばし計算が行なわれていることである。

南摩ダムが治水上必要だという計画は、杜撰な根拠で過大な想定洪水流量が設定されていることによるものであって、実際の必要性は皆無である。

南摩ダムは思川の治水対策としても、利根川の治水対策としても、必要性のないことは明白であり、栃木県はもちろんのこと、下流都県（埼玉県、東京都、千葉県、茨城県）も、南摩ダムによって洪水調節の利益を得ることがないことは明らかである。したがって、水資源機構法二十一条三項に基づく水資源機構の治水負担金の賦課行為が違法であることもまた明らかであるから、栃木県及び下流都県がこの賦課行為の拘束を受けることはない。

判決文より

二〇一一年三月二十四日に、宇都宮地裁で栃木県知事に対する行政訴訟の判決が言い渡された。判決は、「被告が独立行政法人水資源機構に対して思川開発事業からの撤退を怠る事実が違法であることの確認を求める訴えを却下する。原告らのその余の請求はいずれも棄却する」というものである。

思川開発事業が利水上の利点がないという原告の主張に対して、「水道事業者は、将来まで安定的な給水業務を行なう責務があり、事業の性質上、水源が必要になった段階になってその水源を直ちに取得することができないものであり」「栃木県には未だ思川開発事業から配分された水を各市町に配分するための水道施設計画が存在しないからといって、直ちに水源が不要になったものとして、思川開発事業から撤退するとの判断をしないことについて裁量権の逸脱または濫用があったとまでいうことはできない。以上によれば、被告が独立行政法人水資源機構法二五条一項に基づき負担金を支出することが違法であるということはできない」。

南摩ダムに水が貯まらないという原告の主張に対しても、「国土交通省によれば、昭和三十年から昭和五十九年までの三十年間のうち、十二年間は最低貯水容量になる年があったとの試算結果のあったことが認められるものであり、原告らの主張を前提としても、上記計画変更によっても南摩ダムに水が貯まることがないとまでは認められず、また、三十年間のうち半分以上は最低貯水容量とならないとの試算結果もあり、栃木県が南摩ダムから取水することが不可能であるとまで認めることはできない。したがって、原告らの上記主張は、被告の裁量権の逸脱濫用に関する当裁判所の上記判断を左右するものではない」。

渡良瀬遊水池の洪水調節機能についても、「利根川水系全体としてバランスよく治水安全度を向上させる必要があることも考慮すると、利根川本川の計画高水流量に影響を与えないとしたことが不合理ということはできない」としている。

原告は、思川・乙女地点における計画高水流量の算定方法が、県と国で異なることについて、県と国の治水計画は矛盾しており、これは治水計画がずさんであることの根拠であると主張する。「原告ら主張の事実が認められるが、これは、県が、国の計画高水流量との整合性を保つために合理式により確率評価を行なった結果であるから、県の計算方法自体が不合理ということはできないから、この点をもって国の計算方法までが不合理であると認めることはできない」

と原告の主張を退けている。

「引き伸ばし率」の恣意性についても、「南摩ダムの洪水削減効果を検証する際に流出計算モデルとして使用した貯留関数法は、国土交通省が管理する河川の洪水流出計算において一般に用いられる手法の一つであり、『引き伸ばし率』として二倍以上を用いたことは『建設省河川砂防技術基準（案）同解説計画編（平成九年改訂版）』に反するものではない」「南摩ダムの治水効果の算定にあたり、ダムの治水容量に応じた比によることも合理的なものである。」として、容認している。

判決文は、原告の提出した証拠資料の価値を軽んじ、主張に耳を貸さず、論理をすれ違いさせて、国の言い分を一方的に是認する手法で、行政の裁量権を際限なく広く認める内容であり、先行していた一都四県の地裁での判決同様、原告の主張は全て認められなかった。

原告団と弁護団は直ちに東京高等裁判所に控訴した。

東京高等裁判所では数回の進行協議を重ねているが、二〇一二年二月二十日の進行協議の場で、裁判所から、「環境問題も争点になっているので現地を見てみたい」との要望が出された。控訴人側は、「是非そうして欲しい」と回答した。被控訴人の代理人も、「自分たちも見てみたい」とのことで、四月末に、現地進行協議を行なうことになった。

現地進行協議は、四月二十七日（金）に行われることになったが、視察カ所が多く、駆け足のような現地視察となった。

南摩ダム予定地周辺の視察は、十三時五十分から約四十分ということで、どの程度実のある視察ができるかは分からないが、鹿沼からは小竹森、廣田の二名も参加するので、有効な現地進行協議となり、判決に反映することを望むものである。

補章——裁判と裁判官

行政訴訟で市民は勝てるのか？

筆者は、裁判闘争も一つの住民運動と考えてきたが、川辺川ダム中止や荒瀬ダム撤去に取り組み、二〇一一年に『よみがえれ！清流球磨川——川辺川ダム・荒瀬ダムと漁民の闘い』（緑風出版、共著）を上梓された明治学院大学の熊本一規教授が、「行政相手の裁判では、常に、行政側に味方する日本の司法の劣化」を指摘され、筆者に、「裁判では解決しませんよ」と言われたことを思い出す。裁判中でも工事は続行されて止まることはない。裁判中に工事が完成することも多い。裁判所に過大な期待を持たない方がいい。そこで、「裁判官」を批判する文書を集めてみた。

『裁判が日本を変える』生田暉雄（日本評論社）

裁判官は、為政者や最高裁の意向ばかりを気にする体質になってしまっています。上の方しか見ない、見ることができない裁判官という意味で、ヒラメ裁判官という言葉が生まれている程です。ヒラメ裁判官が、お役所を相手にした市民の訴えについては、門前払いの裁判をするのです（九頁〜一〇頁）。

月給による統制として、正義を重視する良心的な裁判官は昇級に不利で、ゴマスリ裁判をする反民主的裁判官は早く昇格します。それだけではありません。報酬を基準に退職金や恩給も支給されるので、生涯所得としては莫大な差異になります。良心を売った見返りに、笑いのとまらぬオイシイ生活を得ることになります（一〇九頁）。異常なまでに意志強固な良識裁判官でないかぎり「自主的」にゴマスリになってゆくのです（一一〇頁）。転勤による統制（一一一頁）月給や転勤を餌にされて、裁判官が自主的に統制されていく仕組み（一一四頁）以上のように、ヒラメ裁判官問題は官僚統制がとことん進むとどうなるかという具体例です。

裁判官が主権者たる国民を放ったらかして、自己保身、自己の利益の追求のため、最高裁の意向や上司ばかりを気にして、上司が未だ言わないことまでも率先して先取りしていく、恐ろしい状況下に、われわれ国民は置かれているのです。日本では真の裁判制度が無いといってもよいのです（一一七頁）。

判検交流の問題も忘れてはなりません。判検交流とは、裁判所と法務省の間で行なわれる人事交流です。そして行政事件の国側担当者である「訟務検事」は、判検交流で移籍した裁判官です。つまり判検交流とは、裁判官が、国賠訴訟や行政訴訟で被告となる行政側の代理人となるために行政官庁に出向することです。このように、裁判所の所属なのか、法務省（行政庁）の所属なのか、わからない裁判官が裁判をするのでは、行政庁に有利な裁判をすることは明らかです。判検交流下の行政訴訟は、厳密に言えば、裁判とはいえない裁判です。主権者はたまったものではありません。このような裁判所と行政庁の癒着ないし一体化については、さまざまな立場から批判がされています（一二七頁）。それらの結果、訴訟の門前払いが横行することになります。昨日まで国側代理人を務めていた検事上がりの裁判官が国側の利益に従うのは見やすい道理です。そうでない普通の裁判官も、報酬・任地の恣意的な運用によって政府や最高裁の意向を極度に気にする体質に変質させられているので、国や行政機関に対する重要な裁判であればあるほど門前払いの裁判をするようになっているのです（一二八頁）。

日本の行政訴訟の原告側の勝訴率が異常に低いのは、政府や最高裁等、上の方ばかりを気にする裁判官が判決を書くからです（二〇〇四年十月九日朝日新聞）。ヒラメ裁判官が担当し、行政機関の手持証拠を出させる手段もないのですから、裁判で勝訴することは例外的なことです。どうせ勝てないのだからと、裁判をすることをあきらめるべきでしょうか。これでは為政者の思うつぼです（一二九頁）。

裁判の勝ち負けに関して、もう一つ言っておきたいことがあります。敗訴が「先例・判例になるとよくない」から負けそうな裁判、ことに憲法裁判は起こすべきではない、という考えがあります。これからは、この考えを克服しなければなりません。日本の裁判は、判例法主義ではありません。したがって、同種の先例の裁判があっても、それに拘束されることはありません。少しは参考にされますが、それぞれの裁判で争い方、証拠の内容も異なり、まったく同一の裁判というものはないので、参考にされる度合いはそれほど大きなものではありません。先例・判例になるので安易に裁判を起こすものではないというのは、裁判をしたくない人の言い逃れ、怠け者にとって都合のよい考え方なのです（一三〇頁）。

ヒラメ裁判官は、十分な審理を嫌い、民訴法二四三条の「裁判所は、訴訟が裁判をするのに熟したときは終局判決をする」という規定を無視して早くに終局し、判決言渡日を決めようとします。十分な主張・立証がされない段階で早々と結審されて、門前払い判決をされた後に、……（一三八頁）。

『「裁判官」という情けない職業』本多勝一（朝日新聞社、二〇〇一年第一刷）

下級裁判所の裁判官さえ、今や人事支配によってゴマスリがふえる一方、良心的裁判官は冷遇や任官拒否によって減る一方です。

ひとくちに「三権分立」といわれますが、日本は議院内閣制ですから、まず「行政」と「立法」がくっついていて最初から二権でしょう。残る「司法」も、最高裁人事を行政が左右することによって、もはや事実上「行政のドレイ」と化してきました（二頁〜三頁）。

裁判というものは「不正」とか「悪」に対して、司法権力が国民に代わって報復する役割に大きな意味がある（六三頁）。要するに、日本の主流裁判官などは「正義の味方」どころか「体制権力の味方」であって、文字通りの意味で「支配権力の走狗」ではありませんか（一〇二頁）。

「もんじゅ」の裁判が福井地裁でありました。福井地裁は、「もんじゅ」の危険性を一方で指摘しながら、地域住民をはじめとする国民的、国際的な世論などをまったく無視して、原発の有益性を重視して、原告の請求を退けました。

このように「国策」といわれるようなものには、日本の裁判所がまったく弱いことは、二〇〇〇年九月八日の熊本地裁の川辺川の判決でも同じです。公共事業は見直さなければいけない、無駄な公共事業はやめようという状況の中で、結局、二〇〇〇人近い農民の訴えは退けられました。原告側は裁判の中で事業の必要性がないということを訴えました。農業用水だの何だのという理由で始められた事業だから、必要があるか無いかは地元の人が一番よくわかっている。ところが判決は、行政庁には広範な裁量権があり、国の判断に裁量権の逸脱・乱用は認められないと認定しました。役人が必要性があると判断した以上は必要なんだと（高見沢昭治弁護士）。もう論理じゃない。めちゃくちゃですね。要するに三権分立などとっくになくなって、司法が行政のドレイになった。いくら土建政治の「公共事業」でも、司法権がしっかりしていればダムも中止できるのに、ドレイではどうにもならない（本多）。

司法は、市民や住民の権利・生活を守るために立法・行政をチェックすべきなのに、その機能を果たしていないことは、これを見ても明らかです（高見沢）（一二六頁〜一二七頁）。

さらに問題だと思うのは、社会的・政治的に重要な事件のときには、最高裁事務総局が裁判官を集めて「裁判官合同」とか「協議会」を開き、「この事件の場合にはこういう判断が正しいのではないか」という、いわば模範答案みたいなものを示すようなことが行なわれているんです。実態はなかなか表に現われませんが、それに従ったとしか考えられない判決が行政事件や労働事件で明らかになっています。だから、裁判官一人一人が、自分の良心に従って本当に一所懸命に考えるというのではなくて、「上のほうはこの事件をどう見るだろうか」という保身術で裁判をやるケースが多くなるわけです。その「上のほう」というのが、まさに時の政府によって任命される裁判官なわけですから（高見沢）（一三四頁〜一三五頁）。

「判検交流」という言葉をご存じでしょうか。裁判官と検察官とはしょっちゅう人事交流で入れ替わっています。国の代理人である訟務検事をやっていた者が、突然裁判官になったり、裁判官がいなくなったと思ったら検察庁で仕事しているということが頻繁に行なわれています。これまでに総計で一五〇〇人もが人事交流で裁判所と法務省・検察庁の間を行き来していることが分かっています。裁判官と検察官が癒着し、一体感を持つのも当然ではないでしょうか（高見沢）（一三六頁）。

『裁判官が日本を滅ぼす』門田隆将（新潮社）。

上級庁で自分と逆の判決が出た場合、その裁判官は勤務評定上、マイナスの評価を下されます。だから、常に上級庁を意識して、上からひっくり返されないような判決を出そうと、それだけを考えるわけです。そうしないとコースから外れる。コースから外れると、裁判官はみじめです。全国津々浦々まで異動があるんですから、同情する部分も多いですね（二七一頁）。

エリートコースの裁判官は、ある程度、自分の先が見えてくると東京郊外に家を購入するそうだ。勤務先が、悪くてもそこから通える横浜や埼玉などになるからだ。コースから外れた裁判官はいつ、何処に飛ばされるか分からない。だからずっと官舎暮らしを余儀なくされる。僻地にある全国の支部を転々と異動させられ、前述のように東京や大阪といった大都市に戻って来られない裁判官は少なくない。それだけに、裁判官は訴訟を手際よくこなし、上の意向に沿って一定の方向に向いた判決を次々と下していく。彼らにとっては、最高裁判例は絶対。これに反する判決など、およそ考えられない（二六六頁）。

朝日新聞（二〇一二年一月十二日付）海渡雄一

「東京電力福島第一原発の事故が起きたとき、どのような感情を抱きましたか」という取材者の質問に答えて。「無念と後悔の気持に襲われました。『もんじゅ訴訟』が最高裁で勝訴できていれば、もし浜岡原発訴訟の一審で勝っていれば、その後の原子力安全行政が変わり、事故を防ぐことができていたかもしれないと」（『もんじゅ訴訟』というのは、高速増殖原型炉『もんじゅ』（福井県）の設置許可無効確認訴訟で、二審の名古屋高裁金沢支部は二〇〇三年、「国の安全審査には不十分」として許可無効の住民側勝訴の判決を出したが、二〇〇五年最高裁は「安全審査に不合理な点はない」と二審判決を破棄し、住民側逆転敗訴の判決を言い渡した）。

「一九七六年、最高裁行政局が、地裁、高裁の判事を集めた『合同』と呼ばれる会合で、原発について『事故で実際に被害が起きる可能性は非常に少ない』とか、原発訴訟では住民の訴えを起こす資格（原告適格）を限定的に解しても弊害は少ないなどと述べていたことが後に明らかになりましたが」という質問に対しては、「『合同』での発言は伊方、福島第二の各原発訴訟で一審審理が進められていた時期です。伊方訴訟で国側の証人が原告側に論破されるなど、国側が劣勢にたたされていました。思想統制と言えないまでも、国側を負けさせてはいけないというような、一定の雰囲気を裁判官の間に作る役割は果たしたでしょう」

朝日新聞（二〇一二年四月七日付）田村剛

二〇一二（平成二十四）年四月七日の朝日新聞に、「訟務検事の構成見直し」という記事が載った。

「訴訟で被告になった国側の代理人を務める『訟務検事』。法務省に出向中の裁判官が検事よりも多数を占めていたが、今年度から割合が半分以下に減った。背景には『いずれ裁く立場に戻るのに、国の味方をする仕組みはおかしい』という長年の批判がある。法務省は今後、検事中心の構成に変える方針だ」というのだ。

「訟務検事の仕組みは、裁判官（判事、判事補）と検察官（検事）が互いの職務を経験する『判検交流』と呼ばれる人事制度の中で運用されてきた。主に東京や大阪など全国八カ所の法務局に属し、数年務めると裁判官に戻る。国が過失や不法行為で賠償を求められたり、行政処分の適法性が争われたりする訴訟で、原告の請求を退けるよう求めるのが訟務検事の仕事だ。『裁判官に戻ってからも国よりの判決を出すのではないか』という疑念は弁護士らに根強く、国会でも『三権分立に反する』と追及されてきた。」

「実際に裁判への影響はあるのか。法務省に出向する裁判官の一人は『裁判官は良心と法に基づいて裁判をする。公正さが害されることはあり得ず、むしろ客観的に別の裁判官の訴訟指揮を見たり、行政の仕組みを理解したりできるメリットが大きい』と話す。『より行政側に厳しくなる』と見る出向者もいる。

これに対し、元裁判官で訟務検事を七年間経験した梶村太市弁護士（第二東京弁護士会）は『行政寄りと批判されても仕方がない裁判官は少数だが存在する。任官から数年目で出向すると、行政の見方や考え方に染まり、国民の立場や被害者の気持が理解できなくなる人がいる』という。梶村弁護士も出向中、そんな裁判官を何人か目にした。『行政の言いなりで、こういう人が裁判官に戻ると怖いと思った』と振り返ったうえで、『弊害は無視できない。裁判官に頼らなくてもいいように法務省が人材を育て、交流は減らすべきだ』と話す。

東京経済大の大出良知教授（刑事法・司法制度論）は『行政にも国民にも公平・公正な立場であるべき裁判官が、役人と身分を入れ替えられること自体に問題がある。法務省と裁判所が一体化する官僚システムの見直しが司法制度改革に残された課題だ』と指摘している」（朝日新聞より）。

これまでどれだけの住民訴訟が踏みにじられてきたことだろう。

「判検交流」で、裁判官が国の代理人として訟務検事になる仕組みは廃止すべきである。

衆議院法務委員会議事録（平成十七年十月十四日）。

○枝野幸男委員　（裁判官出身の裁判官の内、いわゆる行政経験なしの経歴で最高裁判事になられたというのは）逆に言うと、三分の二以上が、最高裁事務総局または法務省で局長級以上という重いポストで行政官をされている方が、最高裁判事になっている。

○枝野幸男委員　もう一つ司法関係の人事関連の話しのところで、判検交流と一般にいわれているものがございます。裁判所から法務省などに出向する裁判官、あるいは逆に、そういった出向を終えて裁判所に戻る裁判官、こういった人たちがどれぐらいの量いるのか、ご説明ください。

○三ツ林大臣政務官　裁判官から検察官に転官しているものの人数は、平成十六年度において四九名で、検察官から裁判官に転官した者は五四名です。

○枝野幸男委員　どれくらい訟務検事の中に裁判官出身者の方がいらっしゃったりするのか。

○三ツ林大臣政務官　平成十六年度におきまして、訟務検事として法務省に出向しました人数は一七名で、訟務検事から裁判官に出向した人数は一六名です。

○枝野幸男委員　訟務検事というのは国が当事者である裁判の代理人をするという役割ですよね。なぜ裁判官を訟務検事に使っているんですか。

○富田副大臣　それはもう、人格、識見が豊で、その任にかなうから担当されているというふうに答えるしかないと思います。

○枝野幸男委員　たとえば裁判官であった人が訟務検事だったときは、まさに国の代理人をやるわけでしょう。国の代理人をやるためには、まさに法曹倫理として、国の主張を裁判所によって通すための最善を尽くすんですよ。あくまでも国、行政の立場に立って、自分たちの正当性を徹底的に主張するのが訟務検事の仕事じゃないですか。自分が国を相手に裁判をやって、裁判長が訴訟指揮をしている。この人は五年前は裁判所から法務省へ出向して、訟務検事で国の代理人で、同じ事件だったら忌避事由だけれども、同じような行政に関する事件で国の主張をがんがんやっていました。そんなことを知ったら、勘弁してくれよ。

柏崎刈羽原発訴訟控訴審判決を読んで（伊東良徳弁護士）。

二〇〇五年十一月二十二日の東京高裁で、柏崎刈羽原発の控訴審の判決が言い渡された。判決は住民側の主張を全面的に退けるものだった。その裁判長（大喜多啓光）は、過去に、法務省との人事交流で行政訴訟での国の代理人となる訟務検事を経験して裁判所に戻ってきた人物である。

法律論でも異常なまでに国に有利な理屈を作り上げ、国側が負けそうな論点はすべて安全審査の対象外と切り捨て、国側が何も反論できない点も何一つ証拠がなくても、国側に有利な認定をし、確信犯的に行政よりの裁判官が担当すれば、ここまでやれるという見本の判決だと私は考えてしまう。

裁判に思う

思川開発事業（南摩ダム）訴訟は、なぜ負けたのか分からない。八ッ場ダム訴訟も、なぜ負け続けるのかわからない。

強いて理由を見付けようと思い、裁判官の資質にそれを求め、「裁判官とは何か」ということを書いた書籍などを読んで、その核心的な部分を紹介した。

このような裁判官のありようでは、首都圏の県庁所在地での行政訴訟で勝つことはあり得ないと思った。まして、東京高裁とか最高裁に期待はできない。かつて「まだ最高裁があるんだ！」（映画『真昼の暗黒』）といったのは今は昔のこととなってしまった。

政権交代後も、裁判官は、じっと、政権のあり方を見つめているのだろう。

しかし、負けても負けても戦い続けよう。そして、ヒラメ裁判官の判決文を山積みしよう。いつか歴史がこれらのヒラメをさばいてくれるだろう。

地方自治法の改悪

更に問題なのは、二〇〇二（平成十四）年の地方自治法の改悪である。

これまでは、住民訴訟制度の四号訴訟において、損害賠償又は不当利得返還の請求を命ずる判決が確定した場合、請求を行なうことができたが、改正地方自治法では、第二四二条の三の2（訴訟の提起）により、「当該判決が確定した日から六十日以内に当該請求に係る損害賠償金又は不当利得による返還金が支払われないときは、当該普通地方公共団体は、当該損害賠償又は不当利得返還の請求を目的とする訴訟を提起しなければならない」となっている。この訴訟（二段目の訴訟）は、地方公共団体が有する債権の請求に係る民事訴訟であり、原告は当該地方公共団体となる。

これまでより更にもう一段の訴訟が必要になるので、住民訴訟で勝訴しても、次の訴訟の結果を待つことになる。

現職の長個人に対する損害賠償等の請求義務が争われる前条の四号訴訟の場合、執行機関が敗訴すれば、当該地方公共団体は、その長個人に対し当該損害賠償等の請求をしなければならない。その際、長個人が当該判決が確定した日から六十日以内に支払いに応じない場合には、当該地方公共団体は訴訟を提起しなければならないが、このような場合には、代表監査委員が当該地方公共団体を代表することとされている（『逐条地方自治法』（松本英昭著）学陽書房）。住民監査請求を一方的に却下した監査委員が、住民側に立って裁判をすることなど望むべくもない。

更に更に問題となるのは、住民訴訟の係争中に、議会が首長らへの請求権の放棄を議決するケースである。東京都檜原村では、村議会は、上告中だった二〇〇九年三月、「村に実害はない」として請求権の放棄を議決した。最高裁では原告勝訴が確定したが、村は請求していない。このため、勝訴した原告は更に、確定判決にしたがって、村が村長に請求するよう求める訴訟を、東京高裁に提起した。裁判で違法な公金支出が認められたのに、議会が「帳消し」にすることが許されるのだろうか。住民訴訟の係争中に議会が首長への請求権の放棄を議決したケースが、神戸市、栃木県さくら市など、全国で相次いでいる。

二〇一二年四月二十日と二十三日に、損害賠償請求を求めた住民訴訟で地方議会が賠償請求権を放棄したことの有効性についての判決が、最高裁判所（千葉勝美裁判長）であった。二十日の神戸市の例では、「乱用がなければ適法」と判断し、住民側の逆転敗訴となった。二十三日の栃木県さくら市の例では、市議会の議決を無効とした東京高裁判決を破棄し、審理を東京高裁に差し戻した。

「住民訴訟制度を根底から否定するもので、議決権の濫用」という意見もあるが、住民訴訟を帳消しにする行為の背景は、二〇〇二年の地方自治法改悪の後遺症ともいえる。

筆者は、この改悪に対して、他の住民団体と反対運動を起こしたが、首長連合と自治労のタッグという強力な相手だったうえ、自治省の御用記者クラブでは、所詮、空しかった。

住民監査請求から始まって損害賠償金の支払いまで、十年余を覚悟しなくてはならない。この間、笑いの止まらないのは、行政の代理人の弁護士だろう。

おわりに

政権交代に期待したが、この二年半で、期待はずれに終わった。期待が大きかっただけに、失望もまた大きい。「コンクリートから人へ」というマニフェストは何処に行ったのだろう。

国土交通省関係でも、かつて資金不足で凍結されていた新名神高速道路の未着工部分二区間と高速道路六区間の四車線化事業の再開を国土交通省が公表した。整備新幹線の未着工三区間（北海道、北陸、九州・長崎ルート）も着工への最終手順に入ることになった。

極めつきは、前原誠司元国土交通大臣が中止を宣言した『八ッ場ダム』が、前田武志国土交通大臣により『継続』と決定されたことである。

自民党政権でさえ為し得なかった公共事業がいま国土交通省の手により、続々復活している。このことは、建設省（現国土交通省）ＯＢの前田武志議員が、国土交通大臣に任命された時点で当然予想されたことである。国土交通省では好機到来とばかり、積み残しとなっていた大型公共事業を復活させてきた。前田国交大臣の仕事は終わった。国交省は満腹状態だろう。

ところで、四月一五日の岐阜県下呂市長選挙に関して、前田大臣の公職選挙法違反（事前運動と公務員の地位利用）の問題が明らかになり、四月二〇日の参議院本会議で、前田大臣の問責決議案が可決された。

一般国民ならば、投開票の終了後、直ちに選挙違反容疑で検挙されるところが、大臣ならばお構いなしで辞任もしないという。

いま凍結中のダム事業がどうなるのかが懸念される。

思川開発事業も、民主党内閣は凍結を決めた。しかし、凍結して二年余を経過した時点でも、「基準外工事」という名目で次から次と工事が進んでいる。二〇一二（平成二十四）年一月時点での工事についてみると、付替県道の工事は進行中である。

完成したのは、①付替県道杓子沢四工区工事、②付替県道五号橋下部工工事、③付替県道六・八号橋工事、④付替県道四号トンネル工事、⑤南摩ダム仮排水路トンネル及び放流管敷設トンネル工事で、施工中は、①付替県道笹之越路工事、②付替県道中村進入路工事、③付替県道杓子沢五工区工事、④付替県道杓子沢六工区工事、⑤付替県道一号トンネル工事であり、①黒川取水放流工・導水路、②大芦川取水放流工・導水路、③南摩機場・送水路は未着工と思われる。本体工事も未着工である。（南摩ダムのホームページを参考にした）

一方、「技術資料作成現場技術業務」として、①測量・調査設計等業務の図面作成等に関する業務②土木工事等の発注図及び工事の進捗に応じた図面作成等③予算関係、地元説明会及び関係機関説明資料作成の業務に関する一般競争入札が、平成二十四年一月十七日に公告された。

いま栃木県では、行革プランをすすめている知事が、県の財政難を理由に、思川開発事業（南摩ダム）からの撤退を模索中との噂がある。民主党栃木県連も、思川開発事業の中止を求めている。このような動きが結実して中止となった場合、いま行なっている「基準外工事」や「入札」は無駄になるのではないか。可及的速やかに、中止の決断をすべきである。


第4章、第5章では、「地元（鹿沼市）の反対運動」として、中心的な活動をした廣田義一、小竹森正次の二氏に執筆の協力をお願いした。

「南摩ダム絶対反対室瀬協議会」前会長の廣田義一氏は、ダム堰堤予定地直下で生活をしていて、水資源機構（旧水資源開発公団）の度重なる計画変更に翻弄され、地域住民の平和を乱されながら、数回の挫折にもめげず、いまも、南摩ダム絶対反対の姿勢をとり続けている。

小竹森正次氏は、思川開発事業中止を求める運動に参加し、大谷川取水の中止、東大芦川ダムの中止を勝ち取ったが、その後、今市市民や一部の鹿沼市民が戦列を離れ、地元（鹿沼市）の運動の弱体化が懸念されている中、黒川流域の住民に働きかけて、「黒川の水を守る会」の結成に漕ぎ着けた功労者である。黒川の「取水・放流工」の工事阻止は、南摩ダム事業の今後を左右するものである。

思川開発事業に反対する運動には多くの人達が参加し、事業の手足を一つづつもぎ取りながら、いまは半身不随の状態に追い込んでいる。前記二氏以外の多くの人達の運動の成果が実ることを祈念しつつ、同志的結合で集まった皆さんに感謝する。

本書の執筆にあたり、下野新聞、東京新聞、毎日新聞、朝日新聞読売新聞等の宇都宮支局の記事を参考にさせていただいた。また、『思川通信』（思川開発事業を考える流域の会）、『今市の水を守る市民の会通信」（今市の水を守る市民の会）、『だいや川通信』（今市の水を守る会）、『鹿沼の清流』（鹿沼の清流を未来に手渡す会）、『ムダなダムをストップ！』（ムダなダムをストップさせる栃木の会）等の住民運動の会報からも、多くの引用をさせていただいた。

本書を発行するにあたり、緑風出版の高須次郎、高須ますみ、斉藤あかねの諸氏には大変お世話になった。

おわりに、校正の労にあたった藤原稔子氏、資料収集に協力をいただいた千葉商科大学藤原七重教授にお礼を述べる。

［著者略歴］

藤原　信（ふじわら　まこと）

1931 年千葉県生まれ。
東京大学農学部林学科卒業。
東京大学大学院農学研究科博士課程修了。
東京大学農学部助手、宇都宮大学農学部森林科学科教授を経て、
現在、宇都宮大学名誉教授。農学博士（東京大学）。
思川開発事業を考える流域の会前代表
元長野県治水・利水ダム等検討委員会委員
元大芦川流域検討協議会委員
元環境政党「みどりの会議」運営委員
［主著］『自然保護事典』（共著）緑風出版
『なぜダムはいらないか』緑風出版
『リゾート開発への警鐘』（共著）リサイクル文化社
『検証リゾート開発』（共著）緑風出版
『日本の森をどう守るか』（岩波ブックレット）岩波書店
『真の文明は川を荒らさず』（共著）随想舎
『「20 年後の森林」はこうなる』カタログハウス出版部
『〝緑のダム〟の保続』緑風出版

ダムとの闘《たたか》い
——思川開発事業反対運動の記録

2011年5月25日　初版第1刷発行　　定価2400円＋税

著　者　藤原　信©
発行者　高須次郎
発行所　緑風出版
〒113-0033　東京都文京区本郷2-17-5　ツイン壱岐坂
［電話］03-3812-9420　［FAX］03-3812-7262［郵便振替］00100-9-30776
［E-mail］info@ryokufu.com［URL］http://www.ryokufu.com/
装　幀　山口靖人
制　作　R 企 画　　印　刷　シナノ・巣鴨美術印刷
製　本　シナノ　　用　紙　大宝紙業・シナノ　　E1200

ISBN978-4-8461-1208-0　C0036

◎緑風出版の本

■全国どの書店でもご購入いただけます。
■店頭にない場合は、なるべく書店を通じてご注文ください。
■表示価格には消費税が加算されます。

〝緑のダム〟の保続
日本の森林を憂う
藤原　信著

四六判上製
二三二頁
二二〇〇円

森林は、治水面、利水面で〝緑のダム〟として、不可欠である。このまま森林の荒廃を放置すれば、数十年後には、取り返しがつかない。森林の公益的機能を再認識し、森林を保続するため、ヒトとカネを注ぎ込まねばならない。

スキー場はもういらない
藤原　信編著

四六判並製
四二一頁
二八〇〇円

森を切り山を削り、スキー場が増え続けている。このため、貴重な自然や動植物が失われている。また、人工降雪機用薬剤、凍結防止剤などによる新たな環境汚染も問題化している。本書は初の全国スキーリゾート問題白書。

なぜダムはいらないのか
藤原　信著

四六版上製
二七二頁
二三〇〇円

次つぎと建設されるダム……。だが建設のための建設、土建業者のための建設といったダムがあまりに多い。本書は脱ダム宣言をした田中康夫長野県知事に請われ、住民の立場からダム政策を批判してきた研究者による、渾身の労作。

大規模林道はいらない
大規模林道問題全国ネットワーク編

四六判並製
二四八頁
1900円

大規模林道の建設が始まって二五年。大規模な道路建設が山を崩し谷を埋める。自然破壊しかもたらさない建設に税金がムダ使いされる。本書は全国の大規模林道の現状をレポートし、不要な公共事業を鋭く告発する書！